普通高等教育“十三五”规划教材

应用化学综合实验

新能源电极材料的制备检测
软包装锂离子电池的组装

王红强　主编
李庆余　马兆玲　刘葵　副主编

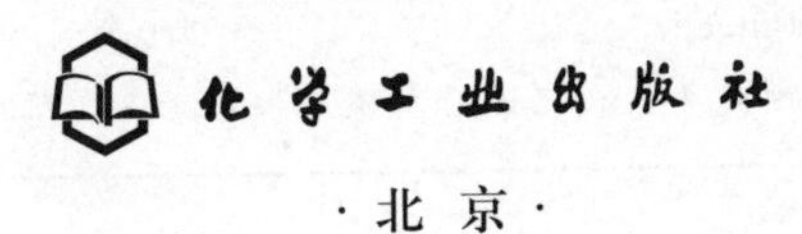

·北京·

《应用化学综合实验：新能源电极材料的制备检测 软包装锂离子电池的组装》就电化学工业涉及的电池、电解、电镀、湿法冶金等领域的工艺特色选编实验项目，内容包括锂离子电池电极材料、锂离子软包装电池、超级电容器、电化学沉积和电解、湿法冶金等共24个实验，实验内容紧密结合电化学生产实际，关注并反映电池和新能源产业的最新技术和前沿成果。

《应用化学综合实验：新能源电极材料的制备检测 软包装锂离子电池的组装》可以作为应用化学专业电化学材料、新能源材料等方向本科和研究生综合实验的教材，同时可供电化学、电池、电池材料、新能源材料等领域的从业人员参考。

图书在版编目（CIP）数据

应用化学综合实验：新能源电极材料的制备检测 软包装锂离子电池的组装/王红强主编.—北京：化学工业出版社，2019.6

ISBN 978-7-122-34153-2

Ⅰ.①应… Ⅱ.①王… Ⅲ.①应用化学-化学实验-教材 Ⅳ.①O69-33

中国版本图书馆CIP数据核字（2019）第053954号

责任编辑：刘俊之　　文字编辑：孙凤英

责任校对：王　静　　装帧设计：韩　飞

出版发行：化学工业出版社（北京市东城区青年湖南街13号　邮政编码100011）

印　　装：大厂聚鑫印刷有限责任公司

787mm×1092mm　1/16　印张8　字数161千字　2019年9月北京第1版第1次印刷

购书咨询：010-64518888　　售后服务：010-64518899

网　　址：http://www.cip.com.cn

凡购买本书，如有缺损质量问题，本社销售中心负责调换。

定　　价：36.00元

前　言

《应用化学综合实验：新能源电极材料的制备检测　软包装锂离子电池的组装》是笔者在多年从事应用化学专业的综合实验教学的基础上，将实验讲义整理而成的。融合了笔者多年应用化学专业综合实验的教学经验和科研成果，强调实验内容的综合性、创新性和探索性。

本书针对应用化学专业学生将来的就业方向，选编了电池、电解、电镀、湿法冶金等方面的实验内容，特别是结合新兴产业的发展，增加了锂离子电池、超级电容器等新能源产业方面的实验内容，加强学生对新兴产业的了解。

《应用化学综合实验：新能源电极材料的制备检测　软包装锂离子电池的组装》的编写工作由李庆余、马兆玲、刘葵、王红强、黄有国、钟新仙、吴强等共同完成，在编写过程中，引用了参考文献中的部分内容、图表和数据，在此向有关作者表示感谢。另外，广西师范大学电化学材料课题组的研究生代启发、张晓辉、赖飞燕、范小萍、季成、施清清、王龙超、韦晓璐、陈玉华、胡丽娜等在本书编写过程中付出了辛勤的劳动，在此一并表示感谢。

由于编者水平有限，书中疏漏之处在所难免，恳请有关专家和广大读者批评指正。

编者

2019 年 3 月

目录

第一章 锂离子电池电极材料

实验一 二次电池的电化学性能检测

一、实验目的

1. 掌握各种二次电池的工作原理。

2. 测量各种二次电池在常温的充放电曲线。

3. 了解不同二次电池的特点，比较各种电池的开路电压、平均工作电压、首圈放电比容量、库仑效率及比能量等电化学性能。

二、实验原理

1. 二次电池的性能指标参数

二次电池又称可充电电池或蓄电池，是指在电池放电后可通过充电的方式使活性物质激活而继续使用的电池，利用化学反应的可逆性，可逆地转化化学能和电能。目前市场上常见的二次电池有铅酸电池、镍镉电池、镍氢电池以及锂离子电池。

二次电池的主要组成部分有正极、负极、电解质、隔膜、电池壳，评判电池性能的指标有开路电压、工作电压、比容量、比功率、电池的自放电率以及电池的寿命。电池开路电压即为电池外电路无电流流过时，两电极的电位差。平均工作电压即为电池工作时的放电平均电压。比容量为单位质量或单位体积的活性物质所能放出的电量。库仑效率为放电容量与充电容量的百分比值。电池的寿命指随着循环圈数的增加，电池放电比容量的大小。

在一定的放电条件下可以从电池获得的电量，分为理论容量、实际容量和额定容量。理论容量（C_0）指由电极活性物质计算得到的容量（A·h），实际容量（C）是在一定的放电条件下，电池实际放出的电量。额定容量（C_r）是在设计和制造电池时，规定电池在一定放电条件下应该放出的最低限度的电量。

电池的能量是电池在一定条件下对外做功所能输出的电能，单位 W·h，分为理论能量和实际能量。理论能量（W_0）是电池的放电过程处于平衡态，放电电压保持电动势（E）数值，且活性物质利用率为100%，在此条件下电池的输出能量。实际能量（W）是电池放电时实际输出的能量。

$$W=CU_{av}$$

式中，C 指电池实际容量，A·h；U_{av} 指电池的平均工作电压，V。

实际电池中常使用比能量来评判电池性能。比能量（W'）可以用质量比能量或体积比能量表示，又称能量密度。

$$W'_m=\frac{CU_{av}}{m}$$

$$W'_V=\frac{CU_{av}}{V}$$

式中，C 指电池实际容量，A·h；U_{av} 指电池的平均工作电压，V；m 为电池质量，kg；V 为电池体积，L。

电池功率指在一定的放电模式下，单位时间内电池输出的能量（W 或 kW）。比功率指单位质量或单位体积的电池输出的功率（W/kg 或 W/L）。比功率的大小表示电池承受工作电流的大小。

$$P=IU=I(E-IR_i)$$

自放电率是指单位时间内电池容量降低的百分数。

2. 铅酸电池的工作原理

铅酸电池是一种二次电池，其负极为海绵状铅，正极为二氧化铅，隔板为微孔塑料板或橡胶板，电解液为稀硫酸，其电池结构为：

$$Pb|H_2SO_4(溶液)|PbO_2$$

铅酸电池放电的电极反应：

阳极：$$Pb+SO_4^{2-}-2e^-=\!=\!=PbSO_4$$

阴极：$$PbO_2+4H^++SO_4^{2-}+2e^-=\!=\!=PbSO_4+2H_2O$$

总反应：$$Pb+PbO_2+2H_2SO_4=\!=\!=2PbSO_4+2H_2O$$

铅酸电池充电的电极反应：

阳极：$$PbSO_4+2H_2O-2e^-=\!=\!=PbO_2+4H^++SO_4^{2-}$$

阴极：$$PbSO_4+2e^-=\!=\!=Pb+SO_4^{2-}$$

总反应：$$2PbSO_4+2H_2O=\!=\!=Pb+PbO_2+2H_2SO_4$$

3. 镍镉电池的工作原理

镍镉电池的正极材料为羟基氧化镍和石墨粉的混合物，负极材料为海绵状镉粉和氧化镉粉，电解液通常为氢氧化钠或氢氧化钾溶液。

镍镉电池充电后，正极板上的活性物质变为羟基氧化镍（NiOOH），负极板上的活性物质变为金属镉；镍镉电池放电后，正极板上的活性物质变为氢氧化亚镍，负极板上的活性物质变为氢氧化镉。

（1）负极反应 负极上的镉失去两个电子后变成二价镉离子（Cd^{2+}），然后立即与溶液中的两个氢氧根离子（OH^-）结合生成氢氧化镉 $Cd(OH)_2$，沉积到负极板上。

$$Cd - 2e^- \longrightarrow Cd^{2+}$$

$$Cd^{2+} + 2OH^- \longrightarrow Cd(OH)_2$$

负极反应：$$Cd - 2e^- + 2OH^- \longrightarrow Cd(OH)_2$$

（2）正极反应 正极板上的活性物质是羟基氧化镍（NiOOH）晶体。镍为正三价离子（Ni^{3+}），晶格中每两个镍离子可从外电路获得负极转移出的两个电子，生成两个二价离子（$2Ni^{2+}$）。与此同时，溶液中每两个水分子电离出的两个氢离子进入正极板，与晶格上的两个氧负离子结合，生成两个氢氧根离子，然后与晶格上原有的两个氢氧根离子一起，与两个二价镍离子生成两个氢氧化亚镍晶体。

$$NiOOH \rightleftharpoons Ni^{3+} + OH^- + O^{2-}$$

$$Ni^{3+} + e^- \longrightarrow Ni^{2+}$$

$$H_2O \longrightarrow H^+ + OH^-$$

$$Ni^{2+} + O^{2-} + H^+ + OH^- \longrightarrow Ni(OH)_2$$

正极反应：$$NiOOH + H_2O + e^- \longrightarrow Ni(OH)_2 + OH^-$$

将正负极反应相加，即得镍镉电池的电化学反应：

$$2Ni(OH)_2 + Cd(OH)_2 \rightleftharpoons 2NiOOH + Cd + 2H_2O$$

4. 镍氢电池（MH-Ni）的工作原理

镍氢电池和镍镉电池相比，体积比容量增加一倍，充放电循环寿命更长，无记忆效应。镍氢电池正极的活性物质为 NiOOH，负极为金属氢化物（MH），电解液采用氢氧化钾溶液，放电时的电化学反应如下：

正极反应：$$NiOOH + H_2O + e^- \longrightarrow Ni(OH)_2 + OH^-$$

负极反应：$$MH + OH^- - e^- \longrightarrow M + H_2O$$

总反应：$$NiOOH + MH \rightleftharpoons M + Ni(OH)_2$$

镍氢电池放电时氢化物 MH 在负极上被消耗掉转化成金属，正极由羟基氧化镍（NiOOH）变成氢氧化镍［$Ni(OH)_2$］；充电时，水分子中的氢储存在合金 M 中，变为氢化物 MH，氢氧化镍变成羟基氧化镍和 H_2O。

5. 锂离子电池的工作原理

锂离子电池主要由正负极材料、电解液及隔膜组成。在电池运行过程中，隔膜仅允许溶液离子通过，电子在外电路流通。锂离子电池的隔膜一般采用聚烯烃系高分子树脂材料。常用的隔膜有单层或多层的聚丙烯（PP）和聚乙烯（PE）微孔隔膜，如Celgard2300为PP/PE/PP三层微孔隔膜。锂离子电池采用的电解液一般为$LiClO_4$、$LiPF_6$、$LiBF_4$等锂盐的有机溶液。有机溶剂可以为一种或几种有机溶剂的混合，常用的有机溶剂包括PC（碳酸丙烯酯）、EC（碳酸乙烯酯）、BC（碳酸丁烯酯）、DMC（碳酸二甲酯）、DEC（碳酸二乙酯）、EMC（碳酸甲乙酯）、DME（二甲基乙烷）等。

锂离子电池的正负电极活性物质均为能够可逆地嵌入、脱嵌锂离子的化合物，活性物质中至少有一种材料在组装前处于嵌锂的状态。一般选择电极电势（相对金属锂电极）较高且在空气中稳定的嵌锂金属氧化物为正极材料，它是电池中锂离子的“储存库”，主要有层状结构的$LiMO_2$和尖晶石型结构的LiM_2O_4化合物（M＝Co、Ni、Mn、V等过渡金属元素）。锂离子电池负极材料应选择电极电势足够低的可嵌锂的材料，如焦炭、石墨、中间相碳微球等碳材料，过渡金属氮化物、过渡金属氧化物及其复合氧化物。目前比较成熟的锂离子电池的正极材料有$LiCoO_2$、$LiNiO_2$和$LiMn_2O_4$等化合物，负极材料有能嵌入Li^+的碳素材料或石墨插层化合物（GIC）等。

图1-1为锂离子电池的工作原理示意图。电池充电时，锂离子从正极中脱嵌，经过隔膜和电解液，嵌入到负极中；放电时锂离子则从负极中脱嵌，嵌入到正极中，外电路电子则由负极迁移至正极形成电流。图1-2为锂离子电池的柱状结构示意图，电池主要由电解液、隔膜、阴极片和阳极片组成。正极材料和负极材料分别涂覆在铝箔和铜箔上，制备得到阴极片和阳极片。两极片之间是隔膜，隔膜的作用是使正极和负极分开，同时又允许电解液中的离子通过。

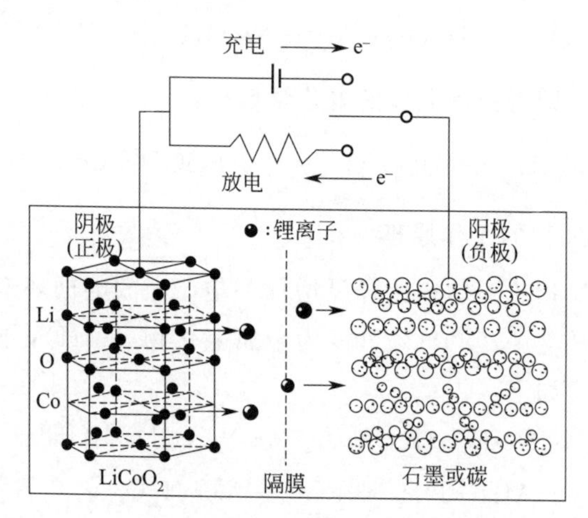

图1-1 锂离子电池工作原理示意图

三、材料与仪器

1. 电池

铅酸电池，镍镉电池，镍氢电池和锂离子电池。

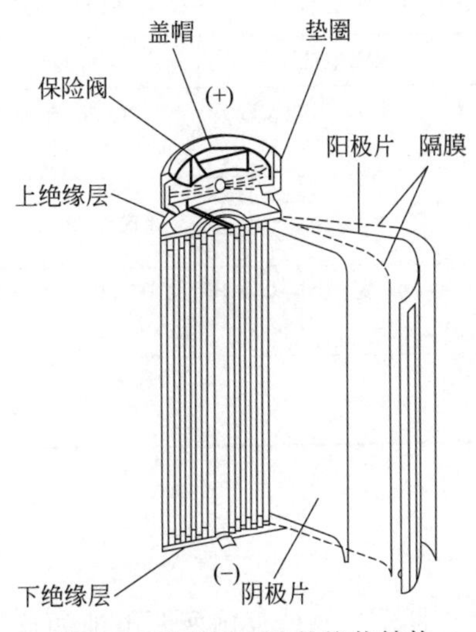

图 1-2 锂离子电池的柱状结构

2. 仪器

计算机，BTS电池测试仪（8通道）1台，电池夹具2个（铅酸电池用），砂纸(备用)。

四、实验步骤

（1）打开计算机上的测试软件。

（2）将各类可充电电池正确接到BTS电池测试仪。

（3）在LAND 2100A充放电仪上测试铅酸电池、镍镉电池、镍氢电池和锂离子电池在0.2*C*倍率性能和5*C*倍率的循环寿命。根据表1-1和表1-2的测试制度进行电池的电化学性能测试。

（4）利用软件导出数据，作出各种电池的充放电曲线。

（5）实验完毕，关掉所有设备和电源。

表1-1 电池在0.2*C*倍率下放电性能测试制度

步骤	铅酸电池	镍镉电池	镍氢电池	锂离子电池
1	0.2*C* 恒流充电(限压2.3V)	0.2*C* 恒流充电(限压1.8V)	0.2*C* 恒流充电(限压1.8V)	0.5*C* 恒流充电(限压4.2V),150min
2	静置20min	静置2min	静置2min	4.2V 恒压充电(限流0.05*C*),150min
3	0.2*C* 恒流放电(限压1.7V)	0.2*C* 恒流放电(限压1.0V)	0.2*C* 恒流放电(限压1.0V)	静置2min
4				0.2*C* 恒流放电(限压2.75V)

表 1-2 电池在 5C 倍率下放电性能测试制度

步骤	铅酸电池	镍镉电池	镍氢电池	锂离子电池
1	0.2C 恒流充电（限压 2.3V）	0.2C 恒流充电（限压 1.8V）	0.2C 恒流充电（限压 1.8V）	0.5C 恒流充电（限压 4.2V），150min
2	静置 20min	静置 2min	静置 2min	4.2V 恒压充电（限流 0.05C），150min
3	5C 恒流放电（限压 1.7V）	5C 恒流放电（限压 1.0V）	5C 恒流放电（限压 1.0V）	静置 2min
4				5C 恒流放电（限压 2.75V）

五、实验记录与结果处理

（1）作出电池的首圈充放电曲线，并计算出所测电池的首圈比容量及库仑效率。

（2）计算电池的比容量及比能量并填入表 1-3。比较说明各种电池性能的优劣。

表 1-3 电池的性能参数比较

技术参数		铅酸电池	镍镉电池	镍氢电池	锂离子电池
开路电压/V					
工作电压/V					
0.2C 放电倍率	质量比容量/(mA·h/kg)				
	体积比容量/(mA·h/L)				
	质量比能量/(W·h/kg)				
	体积比能量/(W·h/L)				
5C 放电倍率	质量比容量/(mA·h/kg)				
	体积比容量/(mA·h/L)				
	质量比能量/(W·h/kg)				
	体积比能量/(W·h/L)				

六、思考题

1. 二次电池（可充电电池）的特点是什么？
2. 各种电池的倍率放电性能有什么不同？试说明其原因和用途。

七、背景材料

1. 二次电池的一般性质及应用

二次电池，又称蓄电池或可充电电池，为电池放电后可通过充电方法使活性物质复原后再次放电，且充、放电过程能反复多次循环进行的一类电池。二次电池的重要特点是放电时化学能转变为电能，充电时电能转变为化学能并储存于电池中，能量转换效率高，并且影响电池循环寿命的物理变化极小。

2. 二次电池的发展历史

二次电池的发展已有 100 多年。1859 年，布兰特研制出了铅酸电池，该电池目前仍然是用途最广泛的二次电池；1908年，爱迪生发明了碱性铁镍蓄电池，该电池早期用于电动汽车，它的主要优点是耐用和寿命长，但是由于其成本高、能量密度低，已逐渐被淘汰。1909年，镍镉电池问世，主要用于重负载工业，20世纪50年代烧结极板的设计使得二次电池在功率和能量密度上有了较大的提高，开辟了其应用市场。密封镍镉二次电池的开发带来了新的应用。随着人们对电池性能的要求越来越高，逐渐出现一些新型的二次电池，如近十多年出现的锂离子电池和镍氢电池，这些电池已成功进入了商品化应用。

3. 二次电池的使用

各种类型的二次电池都有其必须注意的使用条件，因为二次电池反应的可逆性是相对的和有条件的。如多次的过放电和过充电可能会导致电池容量不可逆地降低，直至电池报废。

4. 有关电池的一些基本概念

(1) 电池的组成　电极、电解质、隔膜、外壳。

(2) 电池的内阻（R_i）　电池在电流通过时内部产生的阻力，是电池内部欧姆电阻和极化电阻之和。

(3) 比容量　单位质量或者单位体积的电极活性物质所能嵌入或脱嵌的与锂离子数目相应的电量。质量比容量＝容量/质量，单位mA·h/g；体积比容量＝容量/体积，单位mA·h/L。

(4) 充放电倍率　电池在额定时间内充电或放电到额定容量的电流。充放电倍率可定义为$I=C/t$，式中C为电池的额定电化学容量值，单位A·h或mA·h，t为放电时间，单位h。一个容量为2A·h的电池以20h放电称为0.1C倍率放电。I值的大小反映了电池充放电的快慢，主要与电池内部各种电极过程的速率有关。

(5) 循环性能　即电池材料在反复的充放电过程中保持其电化学容量的能力。电池循环性能的好坏与电极材料的结构稳定性、化学稳定性、热稳定性有关。

(6) 容量保留率　在放电过程中，放电容量占首圈放电容量的百分数。容量保留率越大，说明电池循环寿命越长。

实验二 锰酸锂正极材料的制备及电化学性能检测

一、实验目的

1. 了解尖晶石锰酸锂正极材料的组成和结构特点。
2. 理解锂离子电池中 Li^+ 嵌入/脱出的电化学过程。
3. 掌握锰酸锂正极材料制备方法。
4. 掌握锰酸锂正极材料的电化学性能测试方法。

二、实验原理

锂离子电池因电压高、容量高、安全性能好、无记忆效应和对环境友好等优点，成为目前应用广泛的二次电池之一。随着社会的发展及对生活的高品质需求，人们对锂离子电池各方面的性能都提出了更高的要求，因此锂离子电池的研究工作依然是能源存储装置的热点。

锂离子电池的主要组成部分有正极材料、负极材料、电解液和隔膜，其核心部件是正负电极。正极主要由正极活性物质和铝箔组成，正极活性材料的放电容量大小决定着锂离子电池电化学性能的优劣。负极一般为碳材料或其他可储锂材料。锂离子电池实际上是一个 Li^+ 浓差电池，在充放电过程中 Li^+ 在正极和负极之间反复进行嵌入和脱出反应，电能和化学能相互转换，又称“摇椅式电池”。如图 1-3 所示，当电池处于充电状态时，Li^+ 从正极上脱

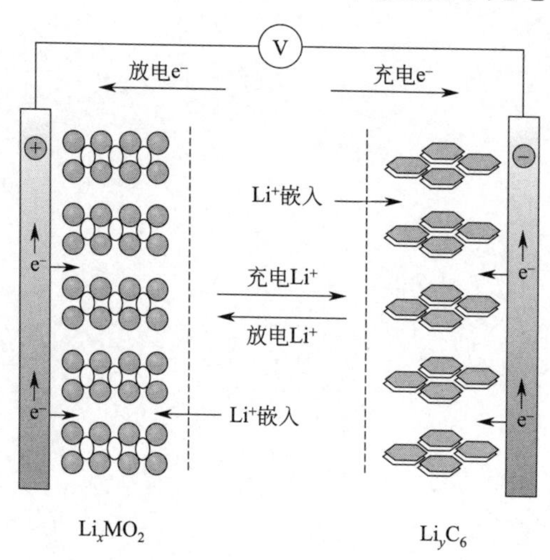

图 1-3 锂离子电池工作原理图

出，经过电解液嵌入负极，此时负极处于富锂状态，正极处于贫锂状态，为了使电池电荷达到平衡状态，外电路必须提供负极所需的电荷，完成电能向化学能的转换；当电池处于放电状态时，锂离子的嵌入/脱出过程刚好相反，即正极处于富锂状态，负极处于贫锂状态，化学能向电能转换。以 Li_xMO_2 为正极、石墨为负极的锂离子电池为例，其充放电反应式可表示为：

正极： $$Li_xMO_2-ye^- \rightleftharpoons Li_{x-y}MO_2+yLi^+$$

负极： $$6C+yLi^++ye^- \rightleftharpoons Li_yC_6$$

总反应： $$Li_xMO_2+6C \rightleftharpoons Li_{x-y}MO_2+Li_yC_6$$

$$(-)C_6 \mid \text{LiX-EC-DEC} \mid Li_xMO_2(+)$$

上述表达式中，LiX 为 $LiClO_4$、$LiAsF_6$ 或 $LiPF_6$ 等电解质盐；EC 为碳酸乙烯酯；DEC 为碳酸二乙酯，M 为 Co、Mn、Ni、V 或 Fe 等过渡金属离子。

我国锰矿资源丰富，位居世界第四，将其用于制备锰酸锂（$LiMn_2O_4$）正极材料，则能大大降低锂离子电池生产成本。$LiMn_2O_4$ 为具有三维隧道的尖晶石结构，为立方晶系，结构如图 1-4 所示。$LiMn_2O_4$ 中氧原子呈现立方密堆积，具有 $Fd3m$ 空间对称群。MnO_6 八面体的骨架结构，氧原子位于八面体角顶，锰原子在八面体中，每个晶胞含有 8 个 $LiMn_2O_4$ 分子。Li^+ 占据八面体 8a 位置，锰离子占据八面体 16d 位置，氧原子占据 32e 位置。八面体 16c 的基本结构框架［Mn_2O_4］非常有利于 Li^+ 脱出与嵌入。在结构框架中，75%的锰位于密堆积的氧层之间，只有 25%的锰占据相邻两层之间的位置。因此，当锂脱出时，在每层内由足够的 Mn—O 结合能保持理想的氧原子 cpp 点阵。其晶胞参数为四面体 8a，48f 和空位的八面体晶格共面形成了互通的三维隧道结构，不仅便于 Li^+ 的扩散，同时有利于 Li^+ 在结构中自由嵌入/脱出。

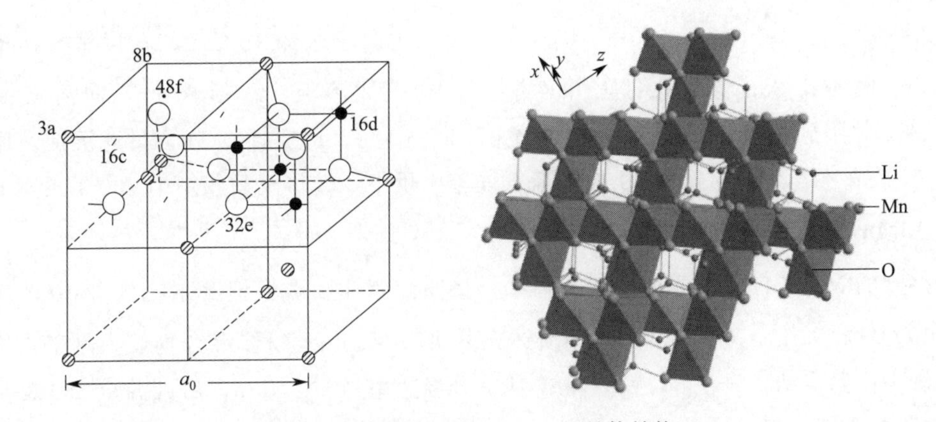

图 1-4 尖晶石型 $LiMn_2O_4$ 的晶体结构

$LiMn_2O_4$ 正极材料因具有价格低廉、库仑效率高、倍率性能好、对环境友好等优点，已经在新能源汽车动力电池上得到了应用。其理论放电比容量为 148mA·h/g，实际放电比容量可达 120mA·h/g 以上。但是 $LiMn_2O_4$ 电池存在着高温循环性能差、锰的溶解、晶体缺陷等问题。通常采用体相掺杂和表面包覆来解决这些问题，并取得了一定的成效。$LiMn_2O_4$ 正极材料的制备方法很多，主要有高温固相法、共沉淀法、熔融浸渍法和溶胶-凝胶法。高温固相反应合成具有操作简便、易于工业化的优点。但是其存在着能源消耗大、对设备要求较高、生产效率低以及锂盐易于挥发等缺点。液相合成法（共沉淀、熔融浸渍和溶胶-凝胶法）合成的温度相对较低，能达到原子级别上的混合，从而实现产品化学稳定性好、性能均一、纯度高的优点。

本实验以氢氧化锂为锂源，采用溶胶-凝胶法制备氢氧化锰前驱体，后续充分混合前驱体和锂源，利用高温烧结制备尖晶石结构的锰酸锂正极材料。

三、试剂、材料和仪器

1. 试剂和材料

$Mn(Ac)_2$（AR级），LiOH（AR级），Li_2CO_3（AR级），$NH_3 \cdot H_2O$（30%，质量分数），去离子水，铝箔，金属锂片，Celgard 2400型隔膜，*N*-甲基吡咯烷酮（NMP），聚偏氟乙烯（PVDF）黏结剂，乙炔黑Super-P（SP），Ks-6，电解液［1mol/L $LiPF_6$ 的碳酸乙烯酯（EC）-碳酸二甲酯（DMC）-碳酸二乙酯体积比为1∶1∶1］。

2. 仪器

高速搅拌器（50～2000r/min），250mL烧杯，电子天平，雷诺数显pH计，恒温鼓风干燥箱，研钵，200目筛网，马弗炉，刚玉坩埚，过滤装置，磁力搅拌器，涂布制备器，轧膜机，螺旋测微器，切片机，手套箱，电池封装机，LAND 2100A测试仪，电化学工作站。

四、实验步骤

1. $Mn(OH)_2$ 前驱体的制备

称取 $Mn(Ac)_2$ 19.12g于250mL烧杯中，加入去离子水约100mL，在机械搅拌条件下溶解0.5h。称取1.35g氢氧化锂，并逐渐加入到上述溶液中。搅拌2h，向溶液中滴加 $NH_3 \cdot H_2O$，用pH计测量溶液pH，调节pH值约为9。再搅拌0.5h，过滤沉淀，用去离子水洗涤2～3次。将沉淀置于80℃鼓风干燥箱中烘干，转移至马弗炉中400℃热处理2h。

2. $LiMn_2O_4$ 正极材料的制备

将得到的 $Mn(OH)_2$ 前驱体置于研钵中，按照前驱体和碳酸锂摩尔比为1∶0.3的比例称取 $Mn(OH)_2$ 和 Li_2CO_3 并混合，用研钵充分研磨30min。粉体混合物装入刚玉坩埚，置于马弗炉中高温烧结。先在600℃下烧结4h，升温速率为5℃/min，后升温至850℃，反应10h，自然冷却至室温。

3. 锰酸锂电极的制备

（1）打浆 将PVDF∶SP∶Ks-6∶$LiMn_2O_4$ 按质量比为5∶5∶5∶85进行打浆，加入适量的NMP作为溶剂，在磁力搅拌下加入0.05g PVDF，搅拌1.5h，待其充分溶解后，加入导电剂SP，1.5h后再加入导电剂Ks-6，根据浆料黏结度情况，再加入适量的NMP，1.5h后再加入前面所制备得到的锰酸锂正极材料，再加入适量的NMP，继续搅拌2h，将浆料调为类似食用油流延状的凝胶物。

(2) 涂布　取 16cm×20cm 的铝箔，放在平整光滑的桌面上，并用酒精将铝箔正反面擦干净，再把浆料倒在铝箔光面，用涂布制备器 100μm 面把浆料均匀涂覆在铝箔上，再把涂布后的铝箔放入 80℃真空干燥箱烘干 2h。

(3) 轧膜　轧膜是将涂布好的极片进行压实的过程，其主要采用两个相向同步转动的挤压辊组成，极片由一端进入，经由高压作用，由疏松层变成密实层。在电池制作工艺中，对极片进行辊压是必需的，一是经过辊压后，极片上电极材料颗粒之间的导电性变好；二是经过辊压后，极片的密度变大，提高了电池的体积比能量。

首先用螺旋测微器测试轧膜前极片的厚度，调试好轧膜机，水平放置极片，随后把极片放入轧膜机轧膜，测试轧膜后极片的厚度，确认轧膜参数后，将极片烘干，用轧膜机对其进行压实，控制压实密度为 $2.8g/cm^3$。

(4) 冲片　将极片用切片机切成直径为 12mm 的圆片电极，再切制 10 片圆片铝箔。将圆片电极和圆片铝箔在 80 ℃烘箱中干燥 2h。

(5) 称片　取干燥后的极片和铝箔片，用电子天平分别称取质量。通过称量 10 个铝箔片质量，求得平均值，作为单个铝箔的质量。称量每个极片质量，通过差减法，求得每个极片上的材料负载量，对每个极片标上编号并做好记录。

4. R2025 型扣式电池的组装

提前将电池组装过程中用到的材料准备好，如隔膜、电解液、锂片、正极盖、垫片、弹片和负极盖等材料。从电解液瓶子中倒出适量的电解液于称量瓶中，取 8 片锂片，备用。按照负极盖→锂片→电解液→隔膜→电解液→正极片→垫片→弹片→正极盖的顺序，进行电池的组装。将组装好的电池置于扣式电池封装机上进行封装，每次封装 1 个，扣式电池的组装材料如图 1-5 所示。

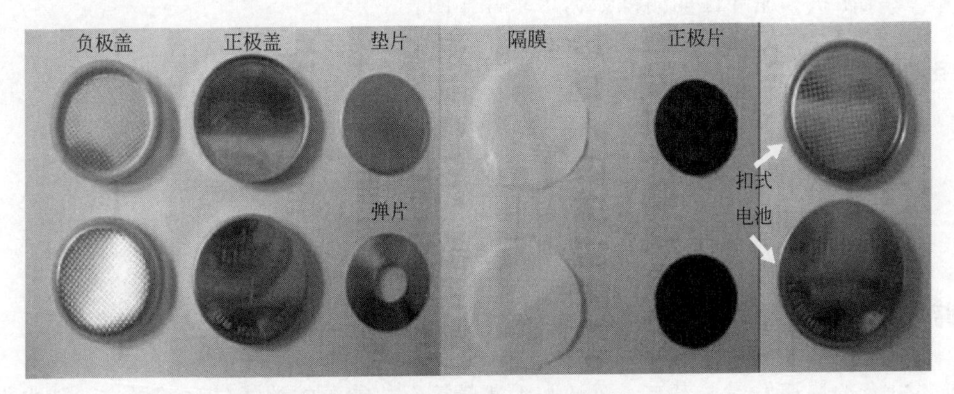

图 1-5　扣式电池的组装材料

5. 锰酸锂正极材料电化学性能的测试

将组装好的电池搁置 1h 后可测试电化学性能。在 LAND 2100A 测试仪上进行倍率充放电和循环寿命测试，测试电压范围 3.0～4.3V，测试倍率为 0.1*C*、0.5*C*、1*C*、2*C*、5*C*（每个倍率下循环 10 圈）。在 1*C* 倍率下测试循环寿命，测试电压范围 3.0～4.9V，充放电循环 200 次。

(1) 交流阻抗测试　测试仪器为上海辰华电化学工作站，仪器操作步骤如下：

① 打开计算机，打开辰华测试软件；

② 将电池按正极（蓝色套管）、负极（红色和白色套管）夹到工作站上，点击控制面板上“Setup”，选择“Technique”，然后选择“OCPT-Open Circuit Potential Time”，设置开路电压测试的时间为 300 s；

③ 读取开路电压数据，同样地，点击控制面板上“Setup”，选择“Technique”，然后选择“IMP-A. C Impedance”，保存数据，格式分别为“. txt”和“. bin”；

④ 更换另外一个电池，采用同样的方法进行测试。

(2) 循环伏安测试

① 将电池按正极（蓝色套管）、负极（红色和白色套管）夹到工作站上，点击控制面板上“Setup”，选择“Technique”，然后选择“OCPT-Open Circuit Potential Time”，设置开路电压测试的时间为 300s；

② 读取开路电压数据，同样地，点击控制面板上“Setup”，选择“Technique”，然后选择“CV- Cyclic Voltammetry”，输入开路电压，起始电压为 4.3V，终止电压为 3.0V，扫描速率为 500μV/s（用时约为 2h），扫描圈数为 2 圈，保存数据，格式分别为“. txt”和“. bin”；

③ 更换另外一个电池，采用同样的方法进行测试。

五、实验记录与结果处理

(1) 锰酸锂正极在 0.1C、0.5C、1C、2C、5C 下的倍率性能图。

(2) 锰酸锂正极在 1C 倍率下的循环性能图。

(3) 交流阻抗和循环性能测试数据记录并作图。

六、思考题

1. 锰酸锂前驱体制备的关键步骤主要有哪些？
2. 电池中的隔膜作用是什么？一般使用什么材质？
3. 如何从电极的倍率性能和循环性能评判电极材料的优劣？

七、背景材料

随着社会的快速发展，煤炭、石油和天然气等石化能源的消耗量日益增加，随之带来的是能源危机、环境污染和全球变暖等一系列问题。汽车不仅是石化能源的消耗大户，同时排放大量有害尾气，是石化能源危机和环境污染的重要原因之一。新能源汽车可替代石化能源汽车，减缓石化能源危机，消除尾气污染。新能源汽车的发展备受瞩目，而新能源汽车发展的关键是动力电池！锂离子电池放电电压高、比容量大、循环寿命长、能量密度大、功率密度大、自放电小、对环境友好和无记忆效应，是新能源汽车动力电池的首选。正极材料是锂离子电池的研发热点。尖晶石锰酸锂具有价格低廉、库仑效率高、倍率性能好、对环境友好等优点，为目前最具潜质的正极材料之一。然而，尖晶石锰酸锂材料作为正极的锂离子电池循环性能差、高温性能欠佳、搁置性能不理想，阻碍其成为理想的新能源汽车动力电池。

针对以上尖晶石 $LiMn_2O_4$ 材料所存在的问题，改善其电化学性能主要是通过提高 $LiMn_2O_4$ 中锰的平均价态，稳定 $LiMn_2O_4$ 晶体结构，抑制锰的溶解及开发锰酸锂材料专用电解液。目前改善尖晶石 $LiMn_2O_4$ 高低循环性能的手段主要有体相掺杂和表面包覆。

体相掺杂是改善 $LiMn_2O_4$ 材料电化学性能最直接有效的办法之一，掺杂离子主要包括阳离子、阴离子和复合阳阴离子。通过掺杂阳离子可以部分取代 16d 上的 Mn^{3+}，可以适当地减弱 Jahn-Teller 效应，抑制歧化反应的发生；阴离子的掺杂可增强 Mn—O 键的键合力，使材料结构更加稳定，从而达到提高材料电化学性能的目的。

尖晶石 $LiMn_2O_4$ 通过表面包覆能有效地阻止电极材料与电解液的直接接触，避免不必要的副反应发生，减少锰在电池循环过程中的溶解，从而提高 $LiMn_2O_4$ 材料循环和倍率性能，特别是在高温条件下。文献显示，一般用于 $LiMn_2O_4$ 包覆的材料有：碳、磷酸盐、氧化物、金属单质、聚合物、氟化物、无定形态氧化物及锂离子电池正极材料等。

实验三　磷酸亚铁锂正极材料的制备及其电化学性能检测

一、实验目的

1. 掌握固相法合成磷酸亚铁锂的基本原理，了解材料的制备工艺。
2. 探讨影响磷酸亚铁锂电化学性能的制备因素。

二、实验原理

锂离子电池被定义为当今能源领域最切实可行和最具发展潜力的能源技术。相比于传统的铅酸、镍铬以及含镍金属混合电池，锂离子电池具有能量密度大、功率密度大、循环寿命长、环境友好和无记忆效应等突出的优点，被认为是移动电子装置、电动车用动力电池和能量储存系统的理想选择。

橄榄石型聚阴离子锂离子电池正极材料，如磷酸亚铁锂（$LiFePO_4$），是在应用电化学领域取得成功的材料之一。结构如图 1-6 所示，以 $LiFePO_4$（LFP）为例，Li^+ 和 Fe^{2+} 占据八面体位，轻微扭曲六方紧密堆积的氧序列形成四面体，P 位于四面体位。充放电过程中，Li^+ 沿 b 轴进行一维传输。在该类材料中，$LiFePO_4$ 的研究最为成熟，已作为正极材料进入动力电池的应用阶段。

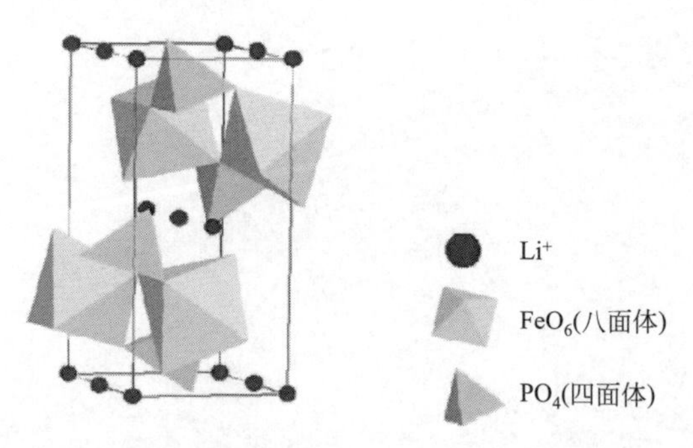

图 1-6　橄榄石型 $LiFePO_4$ 正极材料的晶体结构

在电池充电过程中，Li^+ 从 FeO_6 层面之间迁出，经电解液嵌入负极，发生氧化反应，同时电子需从外电路到达负极。而放电过程，则发生 Fe^{3+} 到 Fe^{2+} 的还原反应，与上述过程相反。$LiFePO_4$ 作为正极材料的充放电反应机理如下所示：

充电反应：　$LiFePO_4 - xe^- \longrightarrow Li_{1-x}FePO_4 + xLi^+$

放电反应：　$FePO_4 + xLi^+ + xe^- \longrightarrow xLiFePO_4 + (1-x)FePO_4$

从反应式可知，充放电过程是处于 $LiFePO_4/FePO_4$ 两相共存态，其反应在 $LiFePO_4$/

$FePO_4$ 两相之间进行。

固相法是将原料研磨混匀后，经高温烧结制备产物的方法。高温固相法、碳热还原法、机械化学活化法等几种方法都属于固相法，其中高温固相合成法是合成锂离子正极材料较常用的方法。高温固相法按照化学剂量比将铁源、锂源、磷源及碳源混合均匀后，添加适量有机溶剂进行充分的研磨，将研磨均匀的前躯体在惰性气氛下干燥后，经预处理，脱水、脱气后再次研磨，惰性气氛保护下煅烧即可。高温固相合成法的优点是操作及工艺路线设计简单，工艺参数易于控制，制备的材料性能稳定，易于实现工业化大规模生产；缺点是产物的形状不规则，颗粒粒度分布不均。

本实验采用磷酸二氢锂（LiH_2PO_4）和草酸亚铁（FeC_2O_4）为原料，葡萄糖作为还原剂，表面活性剂辅助分散，通过球磨混合，高温固相合成 $LiFePO_4$ 材料。再选取表面活性剂作为碳源，对合成的 $LiFePO_4$ 颗粒表面包覆碳层，合成 $LiFePO_4/C$ 复合正极材料，以提高其导电性，进而优化材料的电化学性能。将制备的 $LiFePO_4/C$ 作为正极活性材料，锂片作为负极，组装成扣式电池。在充放电测试仪上对电池进行充放电容量、倍率性能和循环性能的测试。利用电化学工作站测试电池的循环伏安曲线。

三、试剂、材料和仪器

1. 试剂和材料

草酸亚铁（AR级），磷酸二氢锂（AR级），葡萄糖（AR级），表面活性剂，铝箔，隔膜，锂片，电解液 [1mol/L $LiPF_6$ 的碳酸乙烯酯（EC)-碳酸二甲酯（DMC)-碳酸二乙酯体积比为 1∶1∶1]，电池壳，高纯氮气。

2. 仪器

行星球磨机，球磨罐（含玛瑙珠），真空干燥箱，管式炉，磁力搅拌器，电池程控测试仪，涂布器，切膜机，电池封口机，LAND充放电仪，冲片机，研钵，刚玉舟，天平，筛网，不锈钢托盘。

四、实验步骤

1. $LiFePO_4$ 的制备

按照摩尔比 1∶1 的比例将 3.60g 磷酸二氢锂（LiH_2PO_4）和 2.08g 草酸亚铁（FeC_2O_4）放入 100mL 容积的球磨罐中。依次将 60mg 表面活性剂和 60mg 葡萄糖加入球磨罐中，按照珠料比为 10∶1 的比例放入玛瑙珠，倒入 22mL 去离子水。球磨罐封装后安置在球磨机上，在 400r/min 的转速下旋转 2h。将球磨后的前驱体浆料经筛网倒入不锈钢托盘中，放入 150℃烘箱中干燥。将干燥的前驱体研磨成粉末，转移至刚玉舟，放入管式炉高温煅烧，以 5℃/min 的升温速率在氮气氛围下，加热至 750℃并保温 4h。

2. $LiFePO_4/C$ 材料的制备

将得到的 $LiFePO_4$ 放入 100mL 容积的球磨罐中，再加入 5%（质量分数）的表面活性剂，按照珠料比 10∶1 的比例放入相应质量的玛瑙珠，倒入 22mL 去离子水。封闭球磨罐后安置在球磨机上，以 400r/min 的转速旋转 4h。球磨后的样品经过过筛处理，放入 100℃烘箱中干燥。取出样品研磨成粉末，经过高温煅烧，装置如图 1-7 所示。用刚玉舟盛装，放入管式炉中以 5℃/min 的升温速率在氮气氛中加热至 700℃并保温 8h，终产物为 $LiFePO_4$/C 复合正极材料。

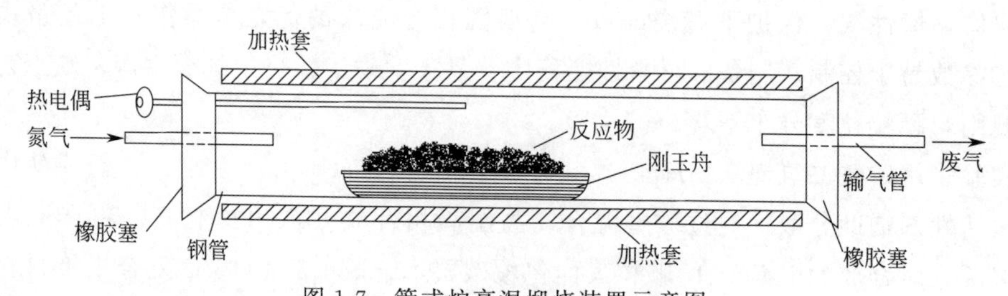

图 1-7 管式炉高温煅烧装置示意图

3. 电池的组装及电化学性能测试

按照扣式电池的组装工艺，将 $LiFePO_4$/C 复合材料制备成正极，以锂片作为负极，按照负极盖→锂片→电解液→隔膜→电解液→正极片→垫片→弹片→正极盖的顺序，组装成扣式电池。

将组装后的扣式电池，在德国 ZAHNER 公司 IM6 型号的电池程控测试仪上进行循环伏安测试，电压范围 2.3～4.0V，扫描速率为 0.2mV/s。在 LAND 充放电仪上进行电池的首次充放电测试和倍率性能测试，电压范围 2.0～4.2V，充放电倍率分别设定为 0.1*C*、0.5*C*、1*C*、2*C*、3*C* 和 5*C*，每个倍率下循环 5 圈。在 LAND 充放电仪上进行循环性能测试，电压范围 2.0～4.2V，充放电倍率分别设定为 1*C*，测试环境温度均控制在 25℃。

五、实验记录与结果处理

（1）将循环伏安曲线、首次充放电曲线、倍率性能和循环性能数据导出，通过 Origin 软件绘制相应性能图。

（2）记录不同倍率下测得的充放电比容量，分析数据规律，总结原因。

六、思考题

1. 前驱体球磨的目的是什么？
2. 高温固相法制备磷酸亚铁锂的关键因素有哪些？
3. 高温固相法制备磷酸亚铁锂可以用哪些气体作为炉保护气？通保护气的目的是什么？

七、背景材料

材料的性能很大程度上受到合成工艺的影响，合成条件对材料的晶体结构和微观形貌有决定性的影响。目前，橄榄石型磷酸亚铁锂粉末正极材料可由固相法和液相法来制得。

1. 固相法

(1) 传统高温固相法制备磷酸亚铁锂　最初合成橄榄石 $LiFePO_4$ 采用的是传统高温固相法，它是最常用、大规模制备 $LiFePO_4$ 粉体的有效方法。高温固相法通常是将锂源（$LiOH \cdot H_2O$、Li_2CO_3、$LiNO_3$）、铁源［$Fe(C_2O_4)_2 \cdot 2H_2O$、$Fe(C_2H_3O_2)_2$］和磷酸盐（$NH_4H_2PO_4$）等，按照化学计量比混合均匀，混合多采用球磨的方法。之后将混合物进行预烧结，一般预烧结温度 300～400℃，时间 2～5h，使原料预分解。然后将预分解后的前驱物再次研磨混合，在惰性气体保护下（氮气或氩气）以更高的烧结温度（600～800℃）煅烧 8～24h 得到磷酸亚铁锂粉末。高温固相法工艺简单、设备不复杂、参数可控，是当前工业化制备磷酸亚铁锂粉体最普遍方法之一。但是该方法通常为两步合成，$LiFePO_4$ 的碳包覆往往在预烧结之后，合成周期长，能耗高。同时高温固相法在合成过程中涉及大量化学键的断裂与重组，反应过程复杂，容易导致最终产物不均匀，团聚严重，材料电化学性能不佳。另外，高温固相法合成 $LiFePO_4$，在合成过程中需要用惰性保护气体，防止 Fe^{2+} 被氧化，二价铁源价格较高，导致整个合成成本提高。

(2) 碳热还原法　对常规的高温固相法进行改进，利用碳的还原性，在高温下把三价铁还原为二价铁。研究采用了廉价的高价铁如氧化铁、磷酸铁等作为铁源，利用碳源作为还原剂（有机碳源、无机碳源），在高温下将 Fe(Ⅲ) 还原为不稳定的 Fe(Ⅱ)。碳热还原法制备磷酸亚铁锂时碳源用量一般是过量，过量的碳最后包覆在 $LiFePO_4$ 颗粒表面，提高材料的导电性。这种改进之后的高温固相法称为高温碳热还原法。碳热还原法避免了还原气氛的使用，材料表现出较好的电化学性能，但该方法合成时间长，对碳的加入量很苛刻，产物的一致性不高。

(3) 微波合成法　微波法是利用微波来加热物质，引发物质内部的极化，从而产生摩擦，使材料内部迅速升温，发生反应。微波法是近年发展起来的一种快速有效制备无机氧化物材料的方法。材料制备虽然过程快捷，但由于微波吸收剂种类和设备的限制，很难实现产业化。

2. 液相合成法制备 $LiFePO_4$ 粉末

尽管固相法使用简单，但是此法是耗时耗能的技术，常常导致制备出的磷酸亚铁锂颗粒尺寸大、纯度低、碳包覆不均匀并且电子传递相对较差，表现出较低的电化学性能。液相法相比较于固相法来说条件更温和，制备微粒粒径小、团聚少、分散好，因此，液相法的重要性逐渐增大，成为重要的制备纳米级磷酸铁锂粉末材料的首选方法。溶胶-凝胶法、共沉淀法、水热法、溶剂热法、高温喷雾干燥法和微乳液干燥法是目前常用的制备 $LiFePO_4$ 的液相方法。

(1) 溶胶-凝胶法（sol-gel）制备纳米 $LiFePO_4$ 粉末　溶胶-凝胶法是制备纳米粉体最常用的软化学法，它的应用最早可以追溯到 1964 年。该方法是一种基于胶体化学的粉体制备方法，前驱体阶段将金属醇盐或无机盐经水解形成均匀溶胶，通过加热浓缩或调节溶液 pH 值的办法，将溶胶聚合成空间网状的湿凝胶，之后真空干燥得到干凝胶，干凝胶研磨预烧结，最后高温烧结得到所需晶型的产物。溶胶-凝胶法形成前驱体阶段在分子水平上将反应物混合均匀，降低了反应烧结的温度，合成产品粒径小、表面积大，保证了粉体较高的纯度和均一性。溶胶-凝胶法还能通过调节反应初期的参数控制最终产品的形貌。另外溶胶-凝胶法还非常适用于 $LiFePO_4$ 的掺杂改性、原位包覆改性的研究。

(2) 共沉淀法　共沉淀法制备超细氧化物由来已久，锂离子正极材料钴酸锂、锰酸锂都可以通过共沉淀法获得。共沉淀法是以可溶性盐为原料，调节 pH 值或加入沉淀剂，析出沉淀，过滤、洗涤、干燥，最后煅烧得到相应的粉末材料。共沉淀法工艺简单、制备时间短、能耗低，合成出的材料粒径小且分布均匀，材料具有较高的活性。

(3) 水热法　水热法是将原料放入反应釜中，在密闭条件下，利用水作溶剂，在高温、高压条件下，反应釜中的水和水蒸气形成对流，溶剂中的产物达到过饱和就会以晶体的形式析出，得到最终产物。水热法制备 $LiFePO_4$ 的优势在于反应快速、操作简单，一步可合成高结晶度的 $LiFePO_4$ 材料。水热反应是在封闭的水热釜中进行的，在水热反应过程中，由于氧在水中溶解度小，或是事先通入惰性气体排出氧气，因此水热反应中 Fe(Ⅱ) 不易和氧气接触，水热反应考虑的环境因素比其他合成方法要少，大大节约了反应成本。

(4) 溶剂热法（solvothermal synthesis）　该方法的发展晚于水热法，是水热合成法的改良，通常用来制备超细粉体材料。溶剂热法采用有机溶剂作为反应的介质体系，这是它与水热法的最大不同之处。溶剂热法同样在封闭的反应釜中进行，反应快速，操作简单，也是液相化学合成法之一。溶剂热法反应条件容易控制，工艺简单，无须进一步烧结，制备出的样品物相均匀、晶型好。近年来在溶剂热法体系中加入表面活性剂，因为表面活性剂通常具有亲水与疏水基团，不同的基团具有不同的极性、排列方式和物理常数，加入的表面活性在溶剂热反应过程中作为自组装模板剂，调控产物的分布、微粒的尺寸，塑造不同形貌的产物。

(5) 高温喷雾干燥法　高温喷雾干燥法是一种制备球形粉末材料的方法，该法将可溶性原料与水按一定比例配制成为均匀溶液，再球磨。将球磨后的浆料通过喷雾干燥机进行雾化，雾化后的原料与高温热空气进行混合，混合后喷入 450～650℃ 的反应器中。喷雾干燥法合成过程容易控制，生产便利，产物粉末纯度高，颗粒尺寸小（$<1\mu m$），分布范围窄（$1\sim2\mu m$），粉末材料形貌规则为多孔微球，材料具有大的比表面积。唯一不足的是高温喷雾干燥法对原料要求较高，所有原料必须可溶。

实验四　石墨负极材料的电化学性能检测

一、实验目的

1. 掌握石墨负极材料的结构和储锂机理。
2. 掌握纽扣电池的制备方法。
3. 掌握石墨负极材料的电化学性能测试方法。
4. 了解锂离子电池负极材料的发展。

二、实验原理

碳元素的原子序数为 6，碳原子的 6 个基本电子的轨道为 $1s^2 2s^2 2p^2$。由于在最多可容纳 8 个电子的 L 壳层只有 4 个电子，因此，邻近碳原子间很容易通过 2s 和 2p 轨道间的杂化形成 σ 和 π 两种强共价键。其中，sp^3 杂化形成的是 σ 键，它有 4 个不完全充满的杂化轨道，构成四面体结构的金刚石晶体。sp^2 杂化形成 3 个相等的杂化轨道，其中 3 个 σ 键在同一个平面上互成 120°角，并与垂直于该平面的 p_z 轨道通过 π 键构成碳六角网格平面。石墨的化学成分碳，其结构为六边形层状晶体结构，如图 1-8 所示。在石墨晶体中，同层的碳原子以 sp^2 杂化形成共价键，每一个碳原子以三个共价键与另外三个碳原子相连，排列成平面六角的网状层结构。石墨中层与层之间通过范德华力结合，层内原子间是通过共价键结合的，层间距为 0.34nm，层内原子间距 0.142nm。石墨的层间距能够通过化学方法打开，嵌入锂离子，形成多种插锂化合物。通过电化学的方法也可以获得嵌锂的石墨。由于石墨片层间距以

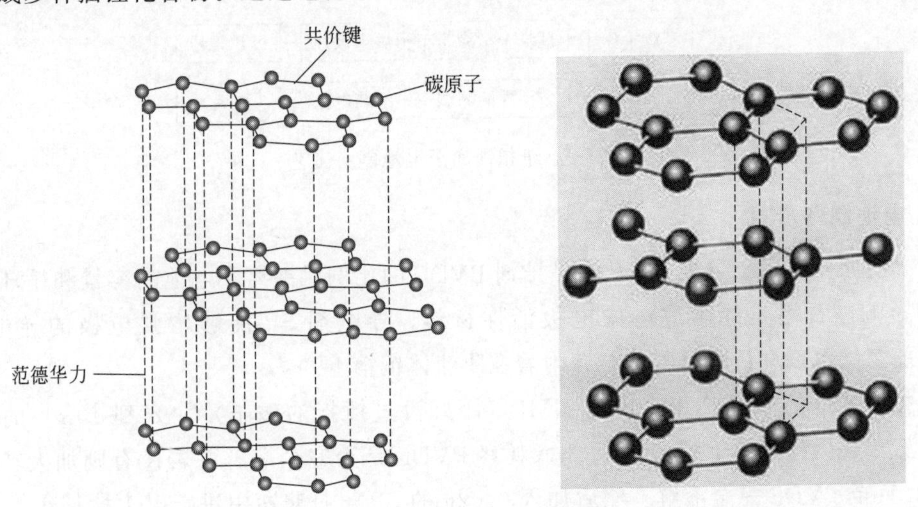

图 1-8　石墨的结构示意图

较弱的范德华力维系，在电化学嵌锂过程中，部分溶剂化的锂离子嵌入石墨层，造成溶剂共嵌入，引起石墨层间距拉大，范德华力被完全破坏，得到少层或多层石墨烯。

石墨材料的结晶度较高，导电性好，具有良好的层状结构，适合于锂离子可逆地嵌入和脱出，表现出良好的循环性能，且嵌、脱锂反应发生在0～0.25V（vs Li/Li^+），具有平坦的充放电平台，可与提供锂源的正极材料$LiCoO_2$、$LiMn_2O_4$等匹配，组成的电池平均输出电压高，因此碳石墨材料是目前商业化最成熟的锂离子电池负极材料。

以$LiMn_xO_y/C$为例，锂离子电池的化学表达式为：

$$(-)C|LiPF_6\text{-}EC\text{-}DMC|LiM_xO_y(+)$$

电池反应则为：

$$LiM_xO_y+nC \rightleftharpoons Li_{1-x}M_xO_y+Li_xC_n$$

三、试剂、材料和仪器

1. 试剂和材料

锂离子电池用石墨负极（商用），PVDF（CR级），乙炔黑（SP），*N*-甲基吡咯烷酮NMP（AR级），电解液（$LiPF_6$溶解在体积比1∶1的EC和DMC混合溶剂），隔膜（16μm），锂片，铜箔。

2. 仪器

磁力搅拌器，涂布器，辊压机，敲片器，千分尺，2025型电池壳组，LAND充放电仪，电化学工作站，真空干燥箱，真空手套箱，切膜机，电池封口机。

四、实验步骤

1. 基于石墨负极的纽扣锂离子电池制备工艺

纽扣锂离子电池制备工艺流程见图1-9。

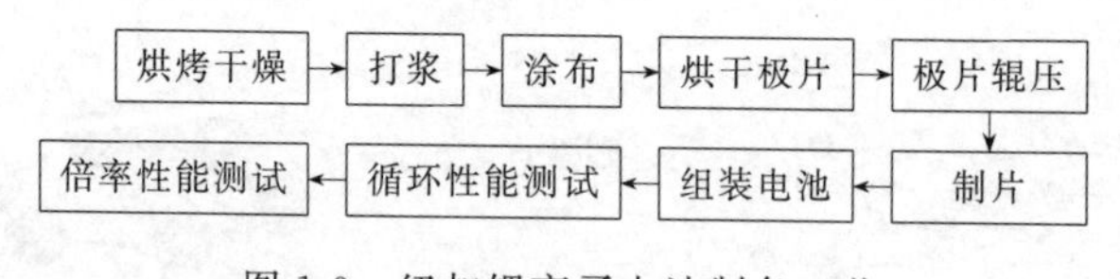

图1-9 纽扣锂离子电池制备工艺

2. 电池制备步骤

(1) 打浆　石墨、导电剂SP和黏结剂PVDF的比例对锂离子电池的容量和循环性能有重要的影响，石墨是能够放电的电极活性材料，导电剂SP能够增强电极的导电性能，PVDF能将导电剂和活性材料黏结并附着在集流体铜箔上。

先把0.02g的PVDF和适量的NMP（刚好没过搅拌的磁子）加入到10mL的打浆瓶中，放置于磁力搅拌器上搅拌约1.5h，观察PVDF是否完全溶解，若没有则加大转速再搅拌0.5h直至PVDF完全溶解。然后加入0.02g的SP于打浆瓶中进行磁力搅拌约1.5h，最后加入石墨活性材料0.16g，磁力搅拌6～7h。观察浆料的黏度，以膏状为优。

(2) 涂布 涂布的厚度不能过厚或者过薄。过厚或者过薄都会影响电池的内阻从而影响循环性能和倍率性能。用涂布器将打制的浆料均匀涂覆在8μm厚的铜箔上，然后将涂覆好的极片放置于真空干燥箱中抽真空干燥12h，干燥温度为80℃。涂布的厚度一般为50μm。

(3) 极片制备 用直径12mm的敲片器敲取直径为12mm的负极片。然后将敲取的极片放入80℃烘箱烘烤2h。极片烘干后对极片进行辊压，辊压后的厚度比辊压前的厚度减少10～15μm。严格控制辊压后的厚度，如果轧膜后的厚度过大，容易导致电池在充放电过程中负极材料的粉化，从而导致电化学性能较差，如果轧膜后的厚度过小则会增加电池内阻，降低电池放电容量。在辊压过程中应当防止材料从集流体上脱落或者材料和集流体之间接触不良的情况。

(4) 隔膜的选用 隔膜的孔隙率和孔径大小决定其传导离子的能力。常规选用湿法制备的三层Celgard膜，用切膜机制成直径为16mm的膜。

(5) 组装电池 电池的组装顺序为负极壳→锂片→电解液→隔膜→正极片→电解液→垫片→弹片→正极盖。将封装好的电池静置8h，使电解液充分润湿电极材料。电池组装过程中应该注意锂片的光滑面面对隔膜，负极片有活性物质的一面面对隔膜，垫片的光滑面面对隔膜。目的是防止隔膜被刺穿从而导致电池的短路。

3. 电化学性能测试

(1) 测量电池开路电压 用LAND充放电仪测试电池开路电压，测量时间48h。

(2) 0.5*C*倍率下循环性能测试 用LAND充放电仪测试电池，首先在0.1*C*（100mA）倍率下活化两圈，电压范围0.01～3V，确保电极的离子通道和电子通道充分疏通。再将电池在0.5*C*倍率下循环充放电100圈。

(3) 倍率性能测试 先用0.1*C*的电流活化电池，然后分别在0.2*C*、0.5*C*、0.8*C*、1*C*、0.2*C*电流下各循环5圈。

五、实验记录与结果处理

1. 电池自放电性能测试

查看测试数据，从软件中导出数据，计算不同时间开路电压占首次开路电压的百分比，用Origin软件绘制时间-开路电压百分比图。

2. 循环性能测试

查看测试数据，从软件中导出数据，制作电池循环性能图、库仑效率图以及容量保留率图。导出数据，使用Origin软件绘制以循环圈数为横坐标，充电比容量、放电比容量及库仑效率为纵坐标的循环性能图。根据每圈放电比容量占首圈放电比容量的百分比，制作循环圈数-容量保留率图。

3. 倍率性能测试

查看测试数据，记录数据并进行数据分析。比较0.2*C*和恢复0.2*C*的放电比容量，根据比容量衰减值评价电池性能。使用 Origin 软件拟合循环次数-充放电比容量的倍率性能图。观察不同倍率下的放电比容量，总结倍率性能的规律。

六、思考题

1. 组装电池加入的电解液量过多或过少有什么影响？
2. 新组装电池开路电压多少？开路电压对于时间发生什么变化？为什么？
3. 为什么放电前几圈电池比容量衰减较快？
4. 高倍率放电后 0.2*C* 的放电比容量数值增加还是减小？为什么？

七、背景材料

1. 锂离子电池背景知识

锂电池的研究历史可以追溯到 20 世纪 50 年代，于 20 世纪 70 年代进入实用化，因为具有比能量高、电池电压高、工作温度范围宽、储存寿命长等优点，已广泛应用于军事和民用小型电器中，如便携式计算机、摄录机一体化、照相机、电动工具等。锂离子电池则是在锂电池的基础上发展起来的一类新型电池。锂离子电池和锂电池原理上的相同之处是：两种电池都采用了一种能使锂离子嵌入和脱出的金属氧化物或硫化物作为正极，采用一种有机溶剂-无机盐体系作为电解质。不同之处是在锂离子电池中采用可使锂离子嵌入和脱出的碳材料代替纯锂作为负极。锂电池的负极（阳极）采用金属锂，在充电过程中，金属锂会在锂负极上沉积，产生枝晶锂。枝晶锂可能穿透隔膜，造成电池内部短路导致发生爆炸。为克服锂电池的这种不足，提高电池的安全可靠性，于是锂离子电池应运而生。

纯粹意义上的锂离子电池研究始于 20 世纪 80 年代末，1990 年日本 Nagoura 等研制出以石油焦为负极、钴酸锂为正极的锂离子二次电池。锂离子电池自 20 世纪 90 年代问世以来迅猛发展，目前已在小型二次电池市场占据了最大的份额，另外日本索尼公司和法国 SAFT 公司还开发了电动汽车用锂离子电池。

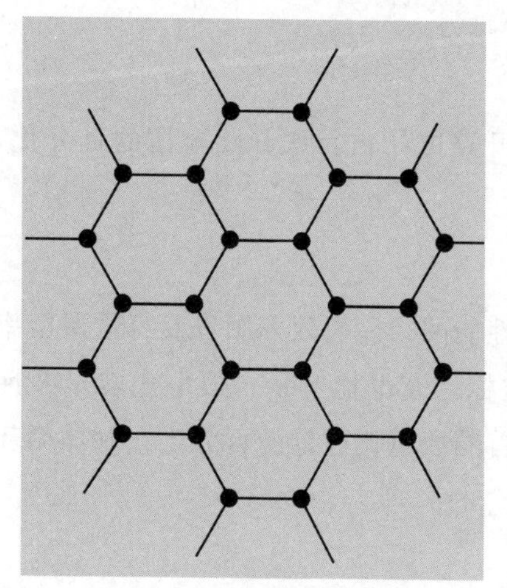

图 1-10　单层石墨结构示意图

2. 石墨的分类

石墨是元素碳的一种同素异形体，每个碳原子的周边连着三个碳原子（排列方式呈蜂巢式的多个六边形）以共价键结合，构成共价分子。由于每个碳原子还有一个电子能够自由移动，因此石墨属于导电体。石墨是碳的同素异形体中最软的矿物，它的用途包括制造铅笔芯和润滑剂。图 1-10 为单层石墨的结构示意图。

结晶形态不同的石墨，具有不同的工业价值和用途。石墨可以分为两大类，天然石墨和人造石墨。根据结晶形态不同，将天然石墨分为三类：

① 块状晶质。又称致密结晶状石墨。块状晶质石

墨结晶明显但晶体呈杂乱或放射状，石墨颗粒直径大，致密呈块状构造。块状石墨的含碳量为60%～65%，但其可塑性和滑腻性不佳。

② 鳞片石墨。鳞片石墨属于天然晶质石墨，其晶体呈鳞片状，属六方晶系，呈层状结构。鳞片石墨的含碳量在87%～95%，是自然界中可浮性最好的矿石之一，经过多磨多选可得高品质石墨精矿。鳞片石墨具有良好的耐高温、导电、导热、润滑、可塑及耐酸碱等性能，因此它的工业价值最大。

③ 隐晶质石墨。又称土状石墨或无定形石墨。隐晶质石墨的晶体晶粒小于1μm，在电子显微镜下不易辨认晶形，比表面积在1～5m^2/g，含碳量60%～85%。隐晶质石墨的表面呈土状，缺乏光泽，导电性、导热性、润滑性及抗氧化性能均低于显晶质石墨，但其制成的成品机械强度高。随着石墨提纯技术的提高，土状石墨的应用越来越广泛。

人造石墨是将有机碳经过石墨化高温处理得到的石墨材料。制造人造石墨的方法有很多种，常见的是在粉状的优质石油焦中加沥青（作为黏结剂），再加入少量其他辅料，压制成形，然后在非氧化性气氛中进行2500～3000℃高温石墨化。人造石墨主要分为以下类型：

① 石墨电极。主要有普通功率电极石墨（电流密度小于17A/cm^2）、抗氧化涂层电极石墨（增加导电性和形成保护层）、高功率电极石墨（电流密度18～25A/cm^2）以及超高功率电极石墨（电流密度大于25A/cm^2）。

② 石墨阳极类。包括化工类阳极板和各种阳极棒。

③ 特种石墨。包括光谱纯石墨，高纯、高强、高密以及热解石墨等。

④ 石墨热交换器。主要用于化学工业，包括块孔式热交换器、径向式热交换器、降膜式热交换器、列管式热交换器。

⑤ 非标准制品。

⑥ 不透性石墨类。指经树脂及各种有机物浸渍、加工而制成的各种石墨异型品，包括热交换器的基体块。

3. 石墨负极材料

锂离子电池的负极材料主要用作储锂，在充放电过程中它实现锂离子的嵌入和脱出。已经商业化的锂离子电池的负极材料主要是碳材料，包括石墨化碳和无定形碳，如天然石墨、改性石墨、石墨化中间相碳微珠、软碳（如焦炭）和一些硬碳等。其他非碳材料有氮化物、硅基材料、锡基材料、钛基材料、合金材料等。

石墨电极在锂离子电池中嵌锂的过程包括以下步骤：①正极锂离子脱出，通过电解质溶液和隔膜扩散至石墨颗粒表面；②锂离子穿过石墨颗粒表面的SEI膜；③锂离子嵌入石墨层间；④大量锂离子在石墨层内或边缘积累。石墨电极的嵌脱锂过程分为三步，分别在0.20/0.22V，0.11/0.14V，0.08/0.1V（vs Li/Li^+）存在三个充放电平台，对应三个锂石墨层间化合物的相变过程，包括LiC_{72}（八阶）$\rightleftharpoons$$LiC_{36}$（四阶）；$LiC_{36}$（四阶）$\rightleftharpoons$$LiC_{12}$（二阶）；$LiC_{12}$（二阶）$\rightleftharpoons$$LiC_6$（一阶）。阶的结构为相隔$n$层碳原子平面插入一层插入物，称为$n$阶，见图1-11。

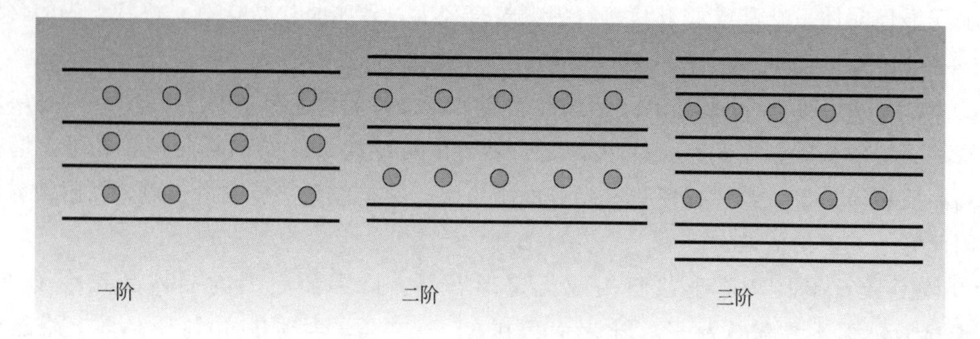

图 1-11 各阶石墨插层化合物

实验五　硅/碳负极材料的制备及电化学性能检测

一、实验目的

1. 了解硅/碳负极材料脱嵌锂的机理。
2. 掌握利用水热法制备硅/碳负极材料的方法。
3. 掌握硅/碳负极的电化学性能测试方法。

二、实验原理

硅的储量占地壳总质量的26.4%，仅次于第一位的氧材料，且理论比容量高达4200mA·h/g，比商业化的石墨材料高十倍以上，因此硅作为锂电负极活性材料具有巨大的潜力。然而，硅的带隙仅为1.12eV，导电性差，接近于绝缘体。另外，硅在嵌锂的过程中发生非常显著的体积膨胀（可达400%），产生的机械应力使电极结构被破坏，引起硅材料从电极上逐渐粉化并最终脱落，从而导致电池容量随充放电次数增加而骤然下降。相比于低的导电性，体积膨胀问题是阻碍硅材料发展的关键难题。目前硅存在合金化过程中体积严重膨胀，导致电池循环稳定性差。通常采用两种解决方法：①制备一维、二维或三维的纳米硅（纳米线、纳米管、多孔材料等），通过自身结构固有空间容纳体积膨胀，缩短锂离子传输路径；②制备硅的复合材料，引入其他组分，抑制硅的体积膨胀并改善其导电性能。

目前解决硅材料循环问题的最主要方法是制备硅/碳复合材料，利用碳材料提供的空间，缓解硅的体积膨胀，避免硅的粉化引起后续脱落发生，保证复合材料兼具硅的高容量特性和碳材料的优良导电性，实现硅与碳的协同作用。硅/碳复合材料的制备方法包括气相沉积法（物理气相沉积和化学气相沉积）、高温固相法、有机硅热解法、机械球磨法、溶胶-凝胶法、水热合成法等。相比于其他方法，水热合成法的操作简便，产物纯度高、分散性好、粒度易控制，因此本实验采用水热合成法制备硅/碳复合材料。

硅可与锂形成二元合金，在充放电时通过Li^+在硅材料中的嵌入与脱出，实现能量的储存和释放，是目前研究最多的合金类负极材料之一。锂-硅（Li-Si）二元合金可形成多种合金，按锂含量从低到高分别是$Li_{12}Si_7$、Li_7Si_3、$Li_{15}Si_4$、$Li_{22}Si_5$。若形成$Li_{22}Si_5$合金，则其理论嵌锂容量高达4200mA·h/g，在所有已知的负极材料中高居第一。但在不同嵌锂电压下的硅电极中不能检测到任何一种合金，仅在嵌锂电压极低时检测到合金$Li_{15}Si_4$。因此一般认为锂离子进入硅负极将形成无定形的Li-Si合金，只有在低电压（低于70mV）时才可能形成晶态的$Li_{15}Si_4$。

三、试剂、材料和仪器

1. 试剂和材料

去离子水，纳米硅粉（50～100nm），蔗糖（分析纯），PVDF（分析纯），SP，NMP（分析纯），电解液（电池级），氮气，铜箔，锂片，隔膜（16μm）。

2. 仪器

电子天平，恒温鼓风干燥箱，真空干燥箱，超声清洗器，行星式球磨机，管式炉，高压反应釜，磁力搅拌器，极片辊压机，极片制备器，千分尺，敲片器，隔膜制备器，2025 型电池壳（包括弹片以及垫片），LAND 电池测试系统，真空手套箱，烧舟，电池封装机。

四、实验步骤

1. 制备 Si/C 复合材料

用电子天平称取 5.5g 的蔗糖，转移至 400mL 烧杯中，加入去离子水 300mL 溶解蔗糖。称取 1g 的纳米硅粉（粒径 50～100nm）加入蔗糖溶液中，将烧杯置于超声清洗器中分散处理 30min，形成分散液，转移至高压反应釜中，密封后放入鼓风干燥箱中在 200℃保温 12h。降温后取出，离心分离出沉淀物质，烘干后得到复合材料前驱体。将前驱体转移至烧舟，移入管式炉中，在氮气（N_2）下以 5℃/min 升温速率升温至 700℃炭化保温 3h，最终得到 Si/C 复合材料。具体制备流程见图 1-12。

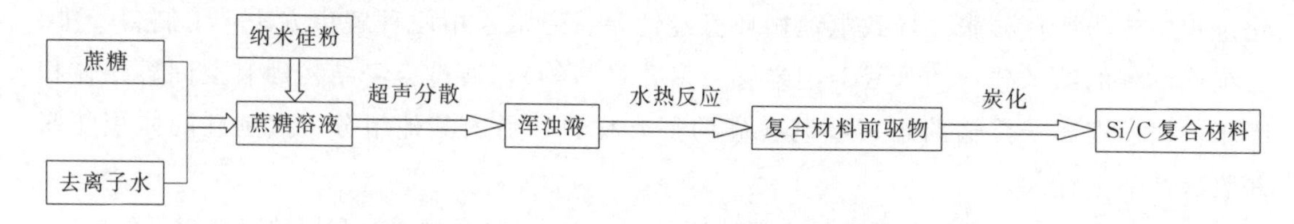

图 1-12　Si/C 复合材料制备流程图

2. 纽扣电池的制作工艺

以 Si/C 复合材料为负极的纽扣式锂离子电池制作工艺如图 1-13 所示。

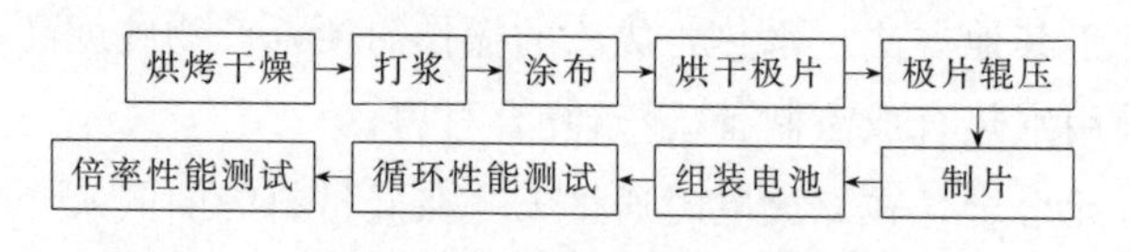

图 1-13　Si/C 作负极材料的锂离子电池制备工艺

(1) 打浆　Si/C 复合材料、SP 和 PVDF 的比例对锂离子电池的容量和循环性能有重要的影响，SP 能够增强负极材料的导电性能，PVDF 能保证浆料的黏结力，复合材料有较高的比容量。

将 0.02g 的 PVDF 和一定量的 NMP（刚好没过搅拌的磁子）加入到 10mL 的打浆瓶中，放置于磁力搅拌器上搅拌约 1.5h，观察 PVDF 是否完全溶解，若没有则加大转速再搅拌 0.5h 直至 PVDF 完全溶解。然后加入 0.02g 的 SP 于打浆瓶中进行磁力搅拌约 1.5h，最后加入 Si/C 复合材料 0.16g，磁力搅拌 6～7h。观察浆料的黏度，若浆料黏度过高则加入适量的 NMP 进行磁力搅拌 0.5h。

（2）涂布　涂布的厚度不能过厚或者过薄，过厚或者过薄都会影响电池的内阻从而影响循环性能和倍率性能，涂布的厚度一般为 50μm。将制备的浆料涂覆于 8μm 的铜箔上。

（3）极片辊压　极片烘干后对极片进行辊压，一般辊压后的厚度比辊压前的厚度要小 10～15μm。严格控制辊压后的厚度，如果轧膜后的厚度过大，容易导致电池在充放电过程中负极材料的粉化，从而导致电化学性能较差，如果轧膜后的厚度过小则会破坏负极材料，并且会较大地增加电池内阻，影响电池容量的发挥。在辊压过程中应当注意负极材料掉粉情况是否严重，防止材料和箔材之间出现接触不良的情况，从而影响电池各方面的性能。

（4）电池的组装　负极壳→锂片→电解液→隔膜→电解液→Si/C 电极片→垫片→弹片→正极盖→封装电池。

3. 实验操作过程

（1）打浆

① 取 10mL 的打浆瓶和一枚磁子，用天平称取 0.02g 的 PVDF 于打浆瓶中，加入 NMP，NMP 的量以没过磁子为准。用保鲜膜将打浆瓶的口部封上，将打浆瓶放置于磁力搅拌器中间，开启磁力搅拌调整打浆瓶位置，使内部的磁子不碰壁。搅拌时间为 1.5h，必须保证 PVDF 完全溶解。

② 用分析天平准确称取 0.02g 的 SP 于上述溶液中，加入适量 NMP 溶液，磁力搅拌 1.5h。

③ 用分析天平准确称取 0.16g 的 Si/C 复合材料于打浆瓶中先磁力搅拌 5h，观察浆料的黏稠度（略微倾斜打浆瓶，观看浆料的流动情况，若流动情况和油的流动状况一样，则黏度合格），逐滴加入 NMP 溶液调节浆料的黏度。再磁力搅拌 2h。

（2）涂布　用极片制备器将打制的浆料均匀涂覆在 8μm 的铜箔上，然后将涂覆好的极片放置于真空干燥箱中抽真空干燥 12h，干燥温度为 80℃。

（3）辊压　用千分尺测量涂覆的极片的厚度，调节极片对辊机的上下辊之间的距离（比极片的厚度小 10～15μm）。然后进行极片的辊压。

（4）敲取极片　用直径 12mm 的敲片器敲取直径为 12mm 的负极片。然后将敲取的极片放入 80℃烘箱烘烤 2h。同时用隔膜制备器制取相应规格的隔膜。

（5）组装电池　该过程应该在真空手套箱中操作，取负极壳，按顺序依次放上锂片、隔膜、负极片、电解液、垫片、弹片，最后盖上正极壳，用电池封装机将电池进行封装。将封装好的电池静置 8h。使得电解液能够充分润湿极片。电池组装过程中应该注意锂片的光滑面面对隔膜，负极片有活性物质的一面面对隔膜，垫片的光滑面面对隔膜。目的是防止隔膜被刺穿从而导致电池的短路。

（6）电化学性能测试

① 循环性能测试。用 LAND 测试系统测试已组装好的电池，设置电池的活化电流为 0.1*C*，在 0.1*C*（100mA）电流下恒流放电和充电，放电电压小于等于 0.01V，充电电压大

于等于3V。该过程为电池的活化过程。然后使电池在0.5*C*的电流下循环充放电，循环次数为100圈。

② 倍率性能测试。先用0.1*C*的电流活化电池，然后电池分别在0.2*C*、0.5*C*、1*C*、2*C*、0.2*C*电流下各循环10圈。

五、实验记录与结果处理

1. 循环性能测试

查看电池测试数据，记录数据并进行数据分析。观察每圈的放电比容量，计算出每圈的容量保留率衰减容量，使用Origin软件拟合出以循环圈数为横坐标，充电比容量、放电比容量、库仑效率以及容量保留率为纵坐标的循环性能图。

2. 倍率性能测试

查看电池测试数据，记录数据并进行数据分析。比较初期0.2*C*和末期0.2*C*的放电比容量，计算出容量衰减，使用Origin软件拟合以循环圈数为横坐标，充电比容量、放电比容量为纵坐标的倍率性能图。观察电池在各个倍率下的放电比容量。

六、思考题

1. 为何材料循环到一定次数后容量会瞬间下降?
2. 煅烧温度的变化对材料的形貌有何影响?
3. 水热法的目的是什么？有哪些要点?

七、背景材料

1. 制备硅/碳复合材料的方法

目前，为了能够充分发掘硅/碳复合材料的优越性能，促使其更快、更好地应用到实际生产中去，国内外诸多科学家致力于该复合材料的基础研究，相关合成方法日趋成熟，其中最常用的合成方法有：水热合成法、化学气相沉积法、溶胶-凝胶法、高温热解法和机械球磨法。

(1) 水热合成法　水热合成法一般采用小分子有机物为碳源，将其与硅粉在溶液中超声分散均匀后，在密封的高压反应釜中进行水热反应，再在高温下炭化即制得硅/碳复合材料。水热合成法操作简便，产物纯度高，分散性好、粒度易控制。

(2) 化学气相沉积法　化学气相沉积法（CVD）在制备硅/碳复合材料时，以SiH_4、纳米硅粉、SBA-15和硅藻土等硅单质或含硅化合物为硅源，碳或者有机物为碳源，以其中一种组分为基体，将另一组分均匀沉积在基体表面得到复合材料。用此法制备的复合材料，硅碳两组分间连接紧密、结合力强，充放电过程中活性物质不易脱落，具有优良的循环稳定性和更高的首圈库仑效率，碳层均匀稳定、不易出现团聚现象。对于工业化来说，设备简单，复合材料杂质少，反应过程环境友好，最有希望大规模生产，而备受科学工作者的青睐。由于 CVD 法在实际操作时工艺条件不易控制，产物产量少，想要大规模工业化生产还需一定的努力。

（3）溶胶-凝胶法　液态复合的方法可以很好地改善材料在复合过程中的分散问题，溶胶-凝胶法制备的硅/碳复合材料中硅材料能够实现均匀分散，而且制备的复合材料保持了较高的可逆比容量、循环性能。但是，碳凝胶较其他碳材料稳定性能差，在循环过程中碳壳会产生裂痕并逐渐扩大，导致负极结构破裂，降低使用性能。且凝胶中氧含量过高会生成较多不导电的 SiO_2，导致负极材料循环性能降低，所以含氧量是决定何种凝胶作为基体的重要参考条件。

（4）高温热解法　高温热解法是目前制备硅/碳复合材料最常用的方法，工艺简单容易操作，只需将原料置于惰性气氛下高温裂解即可，而且易重复，在热解过程中有机物经裂解得到无定形碳，这种碳的空隙结构一般都比较发达，能更好地缓解硅在充放电过程中的体积变化。但是，高温热解法产生的复合材料中的硅的分散性较差，碳层会有分布不均的状况，并且颗粒易团聚等缺点还未得到有效的解决。

（5）机械球磨法　机械球磨法制备的复合材料颗粒粒度小、各组分分布均匀，而且机械球磨法制备硅/碳复合材料具有工艺简单、成本低、效率高，以及适合工业生产等优势。由于该法是两种反应物质在机械力的作用下混合，所以一直没有有效解决颗粒的团聚现象。

2. 硅/碳复合负极材料的结构及电化学性能

包覆型硅/碳复合材料的表面碳层主要是无定形碳，嵌入型的碳基质主要为无定形碳、石墨和石墨烯等，硅与碳纳米管的复合以及硅与碳三元复合的掺杂型复合结构也成为近年来的研究热点，不同组成结构对电化学性能会有一定的影响。

（1）包覆型复合材料　包覆型硅/碳复合材料的优点在于硅含量高，有助于其储锂容量的提高。表面良好的包覆碳层可以有效地缓冲硅的体积效应，增强电子电导，同时产生稳定的 SEI 膜，稳定复合材料与电解液的界面。传统核壳结构的硅/碳复合材料在嵌锂过程中，硅剧烈的体积应力作用导致表面碳层发生破裂，复合材料结构坍塌、循环稳定性迅速下降，通常有 3 种解决方法来提高其循环稳定性：改善碳层的微观结构、将硅改性为纳米多孔结构然后进行碳层包覆和制备纳米纤维型硅/碳复合材料。

（2）嵌入型复合材料　与包覆型相比较，嵌入型硅/碳复合材料的硅含量较低，可逆容量通常也较低，但是由于碳含量高，所以嵌入型硅/碳复合材料的稳定性较好。嵌入型是最常见的硅/碳复合结构，指将硅颗粒嵌入到碳基质中形成二次颗粒，依靠导电碳介质来提高材料的结构稳定性和电极的电活性，其中导电碳基质可以是无定形碳、石墨，也可以是近几年研究非常广泛的拥有优异电导率和柔韧性的石墨烯。不同的碳基质复合材料所表现出的电化学性能也不同。

（3）掺杂型复合材料

① 硅/碳纳米管复合材料。该材料具有形貌特殊的钉扎型结构，即硅/碳纳米管（Si/CNTs）复合材料得到越来越多的关注。这是因为 CNTs 起到了很好的连接作用，这种连接结构能对硅颗粒起到很好的导电作用，而且 CNTs 导电性可以促进电荷输送，灵活性和机械强度可以适应循环过程中活性电极材料的体积变化等。

② 三元硅/碳复合材料。目前，研究最多、最早的三元硅/碳复合体系是硅/无定形碳/石墨，主要利用球磨和高温热解的方法相结合制备。进一步将硅改性为多孔结构的硅材料，制备得到的多孔硅/石墨/无定形碳三元复合材料的化学性能可以得到很好的提升，这得益于多孔硅上的纳米孔洞抑制了其体积的膨胀，石墨又有效地提高了硅颗粒的分散度，同时无定形碳又能很好地起到黏结剂的作用。

实验六 锡/碳负极材料的制备及电化学性能检测

一、实验目的

1. 掌握锡/碳负极材料的水热合成方法。
2. 掌握锡/碳负极材料脱嵌锂的机理。
3. 掌握锡/碳负极材料的电化学性能测试方法。

二、实验原理

目前商业化的锂电负极材料主要是碳材料，与其他材料相比，碳材料具有更长的使用寿命和较低的价格。然而其理论比容量较低（372mA·h/g）且存在安全顾虑，这些问题都迫使人们寻求下一代负极材料来取代碳材料。研究发现，锡及其氧化物作为锂离子电池负极材料时容量相当于碳材料的两到三倍，表现出了良好的应用前景。

Sn 的储锂原理是其在充放电过程中不断与锂离子形成锡锂合金相 Li_xSn，其最大嵌锂数为 4.4，对应于 994mA·h/g 的理论储锂容量。锡负极具有很高的堆积密度，体积比容量高达 7313mA·h/cm^3，是石墨负极的 9 倍。根据嵌锂量的多少可以将锡锂合金相分为三种状态，分别为：富锂相（$3.5<x<4.4$）、中等嵌锂相（$2.33<x<3.5$）、贫锂相（$x<2.33$）。由图 1-14 可以看出贫锂相位于 0.7V 到 0.4V 之间，随着电压的持续降低，越来越多的锂和锡形成合金，x 的值也逐步增大到 4.4。Sn 的储锂过程如下：

$$Sn + xLi^+ + xe^- \rightleftharpoons Li_xSn(0 \leqslant x \leqslant 4.4)$$

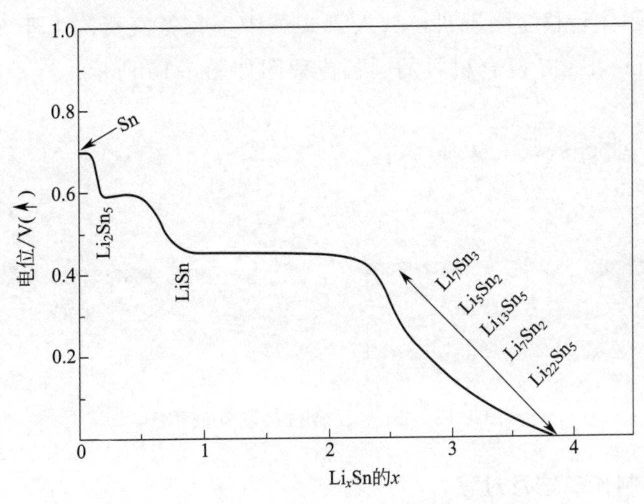

图 1-14 锡负极的放电平台及产物

但锡负极在充放电过程中经历着巨大的体积膨胀效应（>300%），从而易导致电极材料的粉化，大大降低电池的循环性能。目前，研究者们希望通过锡基氧化物、锡基合金和锡基复合物等材料提高电池的循环稳定性。其中，锡基氧化物和锡基合金虽然在一定程度上提高了电池的循环性能，但都存在反应过程中结构变化较大的缺点。锡基氧化物在首次充电过程中还会生成 Li_2O，产生巨大的不可逆容量损失，而且其反应前后体积变化也较大。因此，目前的研究重点集中在锡基复合物上，尤其是锡碳复合材料的研究。这是由于金属锡与碳不会形成碳化物，碳材料不仅可以提高复合材料的均匀程度，也为设计不同结构的锡/碳复合材料提供了结构基础。

三、试剂、材料和仪器

1. 试剂和材料

纳米 SnO_2 粉（20～50nm，99%），酚醛树脂（PF）（99.5%），PVDF（分析纯），SP，NMP（分析纯），电解液（电池级），锂片，氮气，铜箔，隔膜（16μm），电解液（电池级）。

2. 仪器

电子天平，行星式球磨机，筛网，管式电阻炉，磁力搅拌器，烘箱，真空干燥箱，刚玉舟，敲片器，辊压机，极片制备器，隔膜制备器，千分尺，2025 型电池壳（包括弹片以及垫片），LAND 电池测试系统，真空手套箱，电池封口机。

四、实验步骤

1. Sn/C 复合材料的制备

用电子天平称取 0.6g 的酚醛树脂和 1.4g 的纳米 SnO_2 粉（20～50nm，99%）至球磨罐中，加入少量水，再加入 10g 左右的球磨珠，在 500r/min 的转速下球磨 20h。球磨结束，用筛网将珠料进行分离，将复合材料放入 80℃烘箱烘干。用干粉压片机压片（8MPa）得到前驱体，将材料前驱体转移至刚玉舟，放入管式炉中，在氮气氛围下于 900℃炭化处理 1h，升温速率为 5℃/min。Sn/C 复合材料的制备流程图如图 1-15 所示。

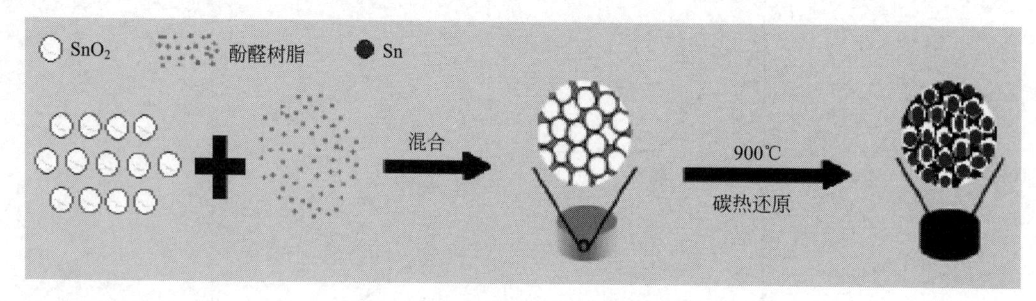

图 1-15　Sn/C 复合材料制备流程图

2. 纽扣电池的制作工艺及过程

（1）制作以 Sn/C 复合材料为负极活性材料的纽扣式锂离子电池工艺如图 1-16 所示。

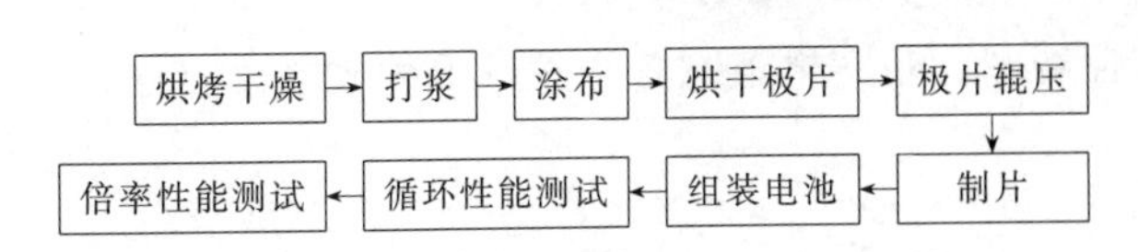

图 1-16 Sn/C 作负极材料锂离子电池制备工艺

(2) 制备过程

① 打浆。将 0.02g 的 PVDF 和一定量的 NMP 加入到 10mL 的打浆瓶中，放置于磁力搅拌器上搅拌约 1.5h，观察 PVDF 是否完全溶解。若没有完全溶解，则加大转速再搅拌 0.5h 直至 PVDF 完全溶解。加入 0.02g 的 SP 至打浆瓶中，磁力搅拌约 1.5h，最后加入 Sn/C 复合材料 0.16g，磁力搅拌 6～7h。观察浆料的黏度，若浆料黏度过高，则加入适量的 NMP 再进行磁力搅拌 0.5h。

② 涂布。用极片制备器将打制的浆料均匀涂覆在 8μm 的铜箔上，然后将涂覆好的极片放置于真空干燥箱中抽真空干燥 12h，干燥温度为 80℃。

③ 辊压。用千分尺测量涂覆的极片的厚度，调节极片对辊压机的上下辊之间的距离(比极片的厚度小 10～15μm)，然后进行极片的辊压。

④ 极片裁切。用直径 12mm 的敲片器敲取直径为 12mm 的负极片。然后将敲取的极片放入 80℃烘箱烘烤 2h。同时用隔膜制备器制取相应规格的隔膜。

⑤ 电池组装。负极壳→锂片→电解液→隔膜→电解液→Sn/C 极片→垫片→弹片→正极盖→封装电池。该过程应该在真空手套箱中操作，封装好的电池静置 8h，确保电解液能够充分润湿极片。电池组装过程中应该注意锂片的光滑面面对隔膜，负极片有活性物质的一面面对隔膜，垫片的光滑面面对隔膜。目的是防止隔膜被刺穿从而导致电池的短路。

(3) 电化学性能测试

① 循环性能测试。用 LAND 测试系统测试已组装好的电池，设置电池的活化电流为 0.1*C*，在 0.1*C*（100mA）电流下恒流放电和充电，放电电压范围小于等于 0.01V，充电电压大于等于 3V。该过程为电池的活化过程。然后使电池在 0.5*C* 的电流下循环充放电，循环次数为 100 次。

② 倍率性能测试。先用 0.1*C* 的电流活化电池，然后电池分别在 0.2*C*、0.5*C*、1*C*、2*C*、0.2*C* 电流下各循环 10 次。

五、实验记录与结果处理

1. 循环性能

查看电池测试数据，记录数据并进行数据分析。观察每圈的放电比容量，计算出每圈的容量保留率衰减容量，使用 Origin 软件拟合出以循环圈数为横坐标，充电比容量、放电比容量、库仑效率以及容量保留率为纵坐标的循环性能图。

2. 倍率测试

查看电池测试数据，记录数据并进行数据分析。比较初期 0.2*C* 和末期 0.2*C* 的放电比容量，计算出容量衰减，使用 Origin 软件拟合以循环圈数为横坐标，充电比容量、放电比容量为纵坐标的倍率性能图。观察电池在各个倍率下的放电比容量。

六、思考题

1. 实验中球磨的目的是什么？
2. 为何测试循环性能和倍率性能前需要用小电流进行活化？

七、背景材料

金属锡作为锂离子电池负极材料，在于它能与锂发生可逆的合金化-去合金化反应，反应如下：

$$Sn+xLi^{+}+xe^{-} \rightleftharpoons Li_{x}Sn(0\leqslant x\leqslant 4.4)$$

合金化过程中，锂能与金属锡形成不同的相。金属锡作为锂离子电池负极材料的优点在于其比容量大、环境友好、原料便宜等。

锡基负极材料近些年来广受关注，不仅因为其可与锂形成高理论容量合金 $Li_{4.4}Sn$，还因锡基负极材料合适的脱/嵌锂电势和环保性。自从 Sony 公司首次用 $Li_{x}C_{6}$ 作为商业化锂电池负极，更高能量密度的新的负极材料的研究就密集展开。

研究人员发现锡或锡氧化物的理论容量（Sn，992mA·h/g；SnO，875mA·h/g；SnO_2，783mA·h/g）比商业石墨电极（372mA·h/g）高得多，而且还具有高倍率性、高安全性等特点，因而锡基材料被认为是替代碳作为锂电池负电极的一种很好的材料。但目前金属锡作为锂离子电池负极材料存在致命的体积效应。为了解决这个问题，研究者们提出了许多的方法来改善其电化学性能。目前这些方法主要有制备锡/碳复合材料、锡基合金复合材料和其他锡基复合材料等。

金属锡在充放电过程中由于其体积膨胀过大而导致循环性能极差，严重影响了金属锡作为锂离子电池负极材料的实际应用。为了解决这一问题，研究者们提出了许多的方法，金属锡与碳形成复合材料被证明是一个简单而又有效的方法。基于此，许许多多、各种各样的锡/碳复合材料被制备出来，比如 Sn/C 复合材料、Sn 嵌入到碳基体中、Sn/石墨烯复合材料、Sn/碳纳米管复合材料等。研究表明，这些碳基体不仅能够在充放电过程中限制锡的体积膨胀，而且还能够增强复合材料的导电性，从而导致复合材料的电化学性能有了很大的提高。

① Sn/C 复合材料的研究。金属锡由于在循环过程中体积膨胀过大而导致循环性能差的问题一直是研究者们致力于解决的重大问题。碳材料由于制备简单、物理化学性质稳定等优点一直受到研究者们的关注，无定形碳也因为可以直接作为锂离子电池负极材料而一直被研究。但是由于其比容量低及不可逆容量过大而一直未能达到研究者们的要求，因此结合金属锡和无定形碳的优势，构造锡/碳复合材料来制备高性能锂离子电池负极材料一直受到人们的关注。目前研究较多的锡/碳复合材料主要是锡嵌入到碳基体中和碳包覆锡复合材料。锡/碳复合材料制备方法多样，并且可以制备出多种形貌的锡/碳复合材料。多孔 Sn/C 复合材料、纳米 Sn 嵌入到多孔碳中、分层 Sn/C 复合材料等各种 Sn/C 复合材料被相继制备出且应

用于锂离子电池负极当中，这些 Sn/C 复合材料的电化学性能不管是相对于金属锡还是无定形碳，其电化学性能都有了极大的提高。多孔 Sn/C 纳米复合材料在电流密度为 0.2A/g 下循环 200 次后，比容量高达 865.3mA · h/g；利用吸附碱有机化合物合成超细锡纳米粒子嵌入氮掺杂多孔碳中，在电流密度 0.2A/g 下循环 200 次后，容量为 722mA · h/g，在电流密度为 5A/g 时，可逆容量为 480mA · h/g，显示出优异的电化学性能。Sn/C 复合材料由于其制备方法简单、原材料便宜及电化学性能好等因素，有望成为锡基负极材料最先产业化且用于高性能锂离子电池的负极材料。

② Sn/石墨烯复合材料的研究。石墨烯是一种新型的二维石墨化碳，由于其独特的优点，从一开始便成为人们关注的焦点。良好的导电性、优越的力学性能、大的比表面积和高的热/化学稳定性使其不仅成为优异的锂离子电池负极材料，并且在各行各业都有着很广泛的应用。由于其优异的特性，石墨烯成为负极材料中炙手可热的研究热点。因此，石墨烯直接修饰纳米 Sn 粒子、Sn/石墨烯纳米复合材料和石墨烯支持纳米 Sn 粒子等 Sn/石墨烯复合材料被相继提出，并且其电化学性能都得到了极大的提高。多孔 Sn/石墨烯复合材料在电流密度为 0.5A/g 下，循环 200 次后容量仍然有 552mA · h/g；利用 CVD 法合成 Sn/石墨烯纳米复合材料，在电流密度为 2A/g 下循环 1000 次后，容量仍然高达 682mA · h/g，在电流密度为 10A/g 时，容量为 270mA · h/g，展现出非常优异的倍率性能和大倍率循环稳定性。究其原因，主要有以下几点：a. 石墨烯纳米片不仅能够阻止纳米 Sn 粒子的团聚，而且能够抑制 Sn 纳米粒子在循环过程中的体积膨胀；b. 石墨烯纳米片能够阻止 Sn 纳米粒子直接与电解液的接触，从而避免了一些副反应的发生，减少了不可逆容量的损失；c. 石墨烯优异的导电性，能够很好地促进电子的传输，从而提高复合材料的不可逆容量和倍率性能。

③ Sn/CNTs 复合材料的研究。碳纳米管（CNTs）是一种典型的一维石墨化碳，拥有高的比表面积、快的一维离子运输通道。碳纳米管可以由卷起的石墨烯层来制备，制备的方法有很多：酸氧化、球磨、化学气相沉积等。碳纳米管包括单壁碳纳米管（SWCNTs）和多壁碳纳米管（MWCNTs）。碳纳米管可以直接用作锂离子电池负极材料，且比容量高达 1000mA · h/g 以上。碳纳米管是高度石墨化碳，所以拥有非常优异的导电性。碳纳米管还是一种中空、管状结构。因此，碳纳米管还可以用来修饰其他材料来形成复合材料。将纳米锡粒子嵌入到碳纳米管中，碳纳米管不仅可以为整个复合材料提供优良的导电性和离子运输通道，而且还可以在充放电过程中抑制锡粒子的体积膨胀，从而提高锡的循环性能，利用自组装合成法合成 Sn/CNTs 纳米复合材料，在 0.25C 下，比容量高达 1026mA · h/g；Sn/CNTs/石墨烯纳米复合材料在 100mA/g 下循环 100 次后，容量为 1160mA · h/g，在 5A/g 下，比容量为 594mA · h/g，表现出非常好的电化学性能。

第二章
锂离子软包装电池

实验七　软包装锂离子电池的工业化制备及电化学性能检测（一）配料及涂布

一、实验目的

1. 掌握配料中物料配比原理、技术指标和工艺标准。
2. 了解配料工序基本操作流程和操作规范，学会参数的检测及其调节。
3. 掌握涂布原理、涂布工艺指标和极片质量鉴定。
4. 熟悉涂布机的操作流程和操作规范。

二、实验原理

软包装锂离子电池的工业化制备包括配料及涂布、制片及卷绕、电池封装、注液及化成四个环节。配料及涂布环节是整体电池工业制备中最基础的部分，其质量好坏直接决定了电池的品质和均一化程度。配料是按照计量比将活性物质、黏结剂、导电剂以及添加剂，通过机械搅拌，物理混合均一的过程。其中，配比计量的确定必须要综合考虑活性材料的导电性、导电剂的导电性、黏结剂的黏性以及电池的应用范围等各种因素，以确保获得导电性和黏结性良好的均一极片，最终保证电池性能的一致性。特别在电池应用领域，良好的性能一致性是电池产品必须具备的基础要素。因此，配比计量、浆料浓度、涂布厚度、极片面积等各个因素，应严格按照工艺指标规范操作才能尽可能减少误差。

涂布工序是将浆料均匀涂覆在集流体上，也是制备均匀电池极片的关键过程。制备正极极片和负极极片通常采用的集流体为铝箔和铜箔。浆料经过过筛后，再经涂布机将浆料均匀地涂布在集流体上。通过控制浆料黏度、涂层厚度和涂布速度来控制集流体上的活性物质的载量。

三、试剂、材料和仪器

1. 试剂

正极材料锰酸锂（$LiMn_2O_4$，电池级），负极石墨，导电剂（导电石墨 Ks-6，乙炔黑 AB，导电炭黑 SP-Li），偏四氟乙烯 PVDF（电池级），增稠剂羟甲基纤维素 CMC（电池级），水性黏结剂丁苯橡胶 SBR（电池级），*N*-甲基吡咯烷酮 NMP（电池级），其他添加剂。

2. 仪器

真空混合搅拌机，螺旋测微器，黏度计（Brookfield，LVDV-S），电子天平，鼓风恒温箱，涂布机，振动筛网，除湿机。

四、实验步骤

1. 配料工序

（1）正极配料

① 正极材料。脱水，一般常压 100～120℃烘烤 6h 左右。

② 导电剂。脱水，常压 200℃烘烤 2h 左右。

③ 黏结剂。脱水，常压 120～140℃烘烤 2h 左右。

④ 制备正极浆料母液。将黏结剂 PVDF 物料加入含有有机溶剂 NMP 的真空混合搅拌机中，在高速搅拌过程中使得黏结剂充分溶解到溶剂中，制备黏性浆料母液。

⑤ 分散物料。待母液充分搅拌均匀后分别把导电剂（Ks-6，SP-Li）、正极材料加入到母液中，按照物料活性物质：导电剂：黏结剂＝94：3：3（质量比）的比例混合，高速分散均匀后即完成正极浆料的制备。

⑥ 调节浆料参数。取 400mL 浆料，利用黏度计测定其浆料的黏度。如果浆料黏度在 6000～8000mPa・s 范围内，则符合电池制备工艺指标，否则需用溶剂 NMP 进行调控黏度。

（2）负极配料

① 负极石墨材料。脱水，一般常压 120℃烘烤 6h 左右。

② 导电剂。脱水，常压 200℃烘烤 2h 左右。

③ 增稠剂。脱水，常压 120～140℃烘烤 2h 左右。

④ 制备负极浆料母液。将增稠剂 CMC 加入含有去离子水的真空混合搅拌机中，在高速搅拌下使其充分溶解到溶剂中，制备黏性浆料母液。

⑤ 分散物料。待母液充分搅拌均匀后分别把导电剂乙炔黑（AB）、负极石墨加入到母液中，按照活性物质：导电剂：黏结剂＝95：2：3 的比例混合，高速分散均匀即完成负极浆料的制备。

⑥ 调节浆料参数。取一定体积的浆料，利用黏度计测定其黏度。若黏度达到工艺指标 2000～4000mPa・s，则符合电池制备工艺指标，否则需用溶剂去离子水调控到指标范围内。

2. 涂布工序

（1）过筛　将制得的浆料再经过进一步过筛，除去大浆料团，确保涂覆的浆料无颗粒团聚和结块现象。

（2）涂布　利用涂布机完成涂布工序，首先打开涂布机抽风，将干净铝箔平铺在涂布机上，再调节刮刀的位置以达到合适的涂布厚度，调节合适的涂布速度，开启按钮，完成涂布。

盖上加热盖，调整烘烤温度85～100℃，干燥极片。用螺旋测微器测定干燥后极片的厚度，并取一定面积的极片计算面密度是否符合工艺要求。

五、实验记录与结果处理

1. 正负极浆料黏度的测定

取相应体积的浆料，利用黏度计测定黏度。不同转子和不同转速下正极、负极浆料的黏度值见表2-1和表2-2。

表2-1　不同转子和不同转速下正极浆料的黏度值（黏度 1cP=1mPa·s）

转速/(r/min)	2.0	2.5	3.0	4.0	5.0	6.0	10	12	30	50
1#										
2#										
3#										
4#										

表2-2　不同转子和不同转速下负极浆料的黏度值（黏度 1cP=1mPa·s）

转速/(r/min)	2.0	2.5	3.0	4.0	5.0	6.0	10	12	30	50
1#										
2#										
3#										
4#										

2. 面密度测定

（1）测定空白集流体的面密度　选择没有折痕的干净铜箔或铝箔，取一小圆片，称量，若质量为m_1，面积为s_1，则根据如下面密度计算公式为m_1/s_1，得到面密度A_1，然后分别取三片圆片，计算平均面密度A。

$$面密度=\frac{实体质量(g)}{实体面积(m^2)}$$

（2）测定极片的面密度　分为单面和双面的面密度。同样，选择分布均匀的单（双）面极片，分别取3小圆片，称量，根据面密度公式分别算出平均面密度。

正、负极面密度数据记录表见表2-3。

表 2-3 正、负极面密度数据

项目	测量值/次数	空箔质量/mg	单面极片质量/mg	双面极片质量/mg	空箔面密度/(mg/cm^2)	单面极片面密度/(mg/cm^2)	双面极片面密度/(mg/cm^2)
正极	1						
	2						
	3						
	平均						
负极	1						
	2						
	3						
	平均						

六、思考题

1. 配料混合不均匀将会对电池充放电过程有什么影响？对电池体系有哪些影响？并尝试举例在配料前和配料工序有哪些措施可以有效地减少这种差别？

2. 试分析导致极片面密度分布不均的因素有哪些？并说明该如何减少这种现象？

3. 分析涂布阶段造成极片容易在集流体脱落的主要原因是什么？并说明应该如何解决？

4. 如果在涂布后的负极极片上出现很多气泡或者存在集流体裸露现象，会对电池哪些方面造成影响？

七、背景材料

1. 负极配料简介

（1）石墨　非极性物质，易被非极性物质污染，易在非极性物质中分散；不易吸水，也不易在水中分散。被污染的石墨，在水中分散后，容易重新团聚。一般粒径为 20μm 左右。颗粒形状多样且多不规则，主要有球形、片状、纤维状等。

（2）水性黏合剂（丁苯橡胶，SBR）　小分子线性链状乳液，极易溶于水和极性溶剂。

（3）防沉淀剂（羧甲基纤维素，CMC）　高分子化合物，易溶于水和极性溶剂。

（4）其他添加剂

① 异丙醇。弱极性物质，加入后可减小黏合剂溶液的极性，提高石墨和黏合剂溶液的相容性；具有强烈的消泡作用；易催化黏合剂网状交链，提高黏结强度。

② 乙醇。弱极性物质，加入后可减小黏合剂溶液的极性，提高石墨和黏合剂溶液的相容性；具有强烈的消泡作用；易催化黏合剂线性交链，提高黏结强度（异丙醇和乙醇的作用从本质上讲是一样的，大批量生产时可考虑成本因素，然后选择添加哪种）。

（5）去离子水（或蒸馏水）　稀释剂，酌量添加，改变浆料的流动性。

2. 分散方法对分散的影响

（1）静置法　时间长，效果差，但不损伤材料的原有结构。

（2）搅拌法　自转或自转加公转，时间短，效果佳，但有可能损伤个别材料的自身结构。

（3）搅拌桨对分散速度的影响　搅拌桨大致包括蛇形、蝶形、球形、桨形、齿轮形等。一般蛇形、蝶形、桨形搅拌桨用来对付分散难度大的材料或配料的初始阶段；球形、齿轮形搅拌桨用于分散难度较低的状态，效果佳。

① 搅拌速度对分散速度的影响。一般说来搅拌速度越高，分散速度越快，但对材料自身结构和对设备的损伤就越大。

② 浓度对分散速度的影响。通常情况下浆料浓度越小，分散速度越快，但太稀将导致材料的浪费和浆料沉淀的加重。

③ 浓度对黏结强度的影响。浓度越高，黏结强度越大；浓度越低，黏结强度越小。

④ 真空度对分散速度的影响。高真空度有利于材料缝隙和表面的气体排出，降低液体吸附难度；材料在完全失重或重力减小的情况下分散均匀的难度将大大降低。

⑤ 温度对分散速度的影响。适宜的温度下，浆料流动性好、易分散。太热，浆料容易结皮；太冷，浆料的流动性将大打折扣。

⑥ 稀释。将浆料调整为合适的浓度，便于涂布。

3. 浆料黏度的测定

① 安装转子。轻轻旋转机体上升齿轮至最高处，用一只手护住防止倾倒，另一只手将转子连接到仪器机头上的连接头上（注意是左手螺旋线方向，逆时针旋转），注意保护黏度计的连接头，并用手指轻轻提起它，这样避免承重系统的钢针和宝石轴承座的强烈碰撞和摩擦，注意避免用力推拉转子，以免损坏仪器。

② 调整水平，开机预热。调节机头水平泡至中心点，开机预热 30min。

③ 取浆料，为了保证测试结果的精确，建议使用 600mL 的烧杯用作测试样品的容器。

④ 将转子浸入到样品中至转子杆上的凹槽刻痕处，见图 2-1。如果是圆盘式转子，注意

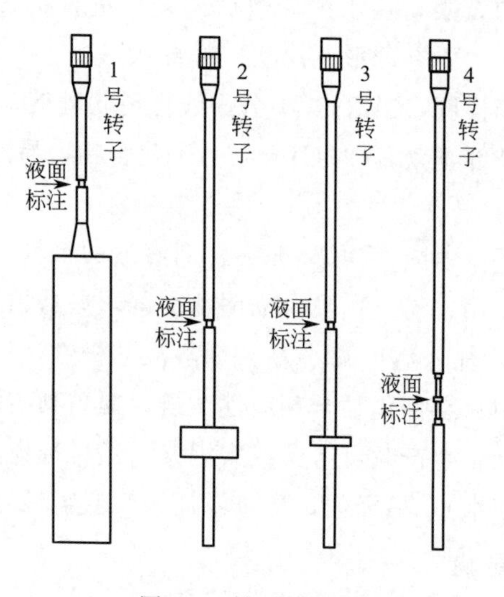

图 2-1　转子样式图

要以一个角度倾斜地浸入样品中，以避免产生气泡而影响测试结果。

⑤ 进行测量前，先估计浆料的黏度，再选择合适的转子和转速组合，为了得到准确度高的测量结果，要确保扭矩百分数在20%～90%范围内。黏度大的样品，使用面积小的转子和较低的转速；对于低黏度的样品，情况相反。另外，在读数前，应让测量保持一段时间使读数稳定下来，时间的长短取决于所用的转子和转速。

⑥ 每当换转子或样品时，要按“马达开启”键使其关闭。测量完成后取下转子，然后清洗干净，放回装转子的盒子。

⑦ 数据记录和分析。表2-1是测量数据的记录表，是不同转速和转子的组合表，其中有些组合难免出现超限范围，仪器显示屏出现“EEEE”字符。

实验八　软包装锂离子电池的工业化制备及电化学性能检测（二）切片及卷绕

一、实验目的

1. 学会依据电池设计工艺要求尺寸来完成极片分切工序。
2. 掌握正、负极片对位的要求，学会电池电芯的卷绕和制备。

二、实验原理

电池中正、负极片的尺寸不同，将决定电池的用途、容量、型号的不同，因此需按照电池的工艺参数来完成相应电池的切片及卷绕工序。切片工序是按照设定好的极片工艺参数，利用切片机把大尺寸的极片分切成要求尺寸的极片。切片机主要应用于电池极片分切工序，其工作原理是通过圆盘刀片对极板定位的宽度分切。

卷绕是将正、负极片与隔膜叠加对位后，采用卷绕工序制备电池电芯。正、负极片通过隔膜隔开，与隔膜贴得越紧密，则电池内阻越小，越有利于电池容量的充分释放。为了保证极片与隔膜紧密贴合，卷绕时必须对双层隔膜施加拉力，即均匀施加拉力，拉紧隔膜进行卷绕，使卷绕松紧度达到前后均匀一致。若施加拉力过大，电芯卷得过紧，会造成极片和隔膜湿润困难，致使实际放电容量减小；若施加拉力过小，卷得过松，会使极片在充放电过程发生过虚膨胀，电池内阻增大，容量降低，同时缩短循环寿命。卷绕时要求隔膜、极片均保持平整，不允许出现褶皱现象，否则电池性能将降低。另外，卷绕后正、负极片或隔膜的上下偏差均为小于 0.5mm，三者间的间隔精度（各端面间隔）均小于 0.5mm。

将制备得到的电芯置入外包装铝塑膜中，用封边机对电芯进行不完全热封装，保留电解液注液口，待 24h 烘烤后，在一定的条件下注液，并真空封口，如图 2-2 所示。

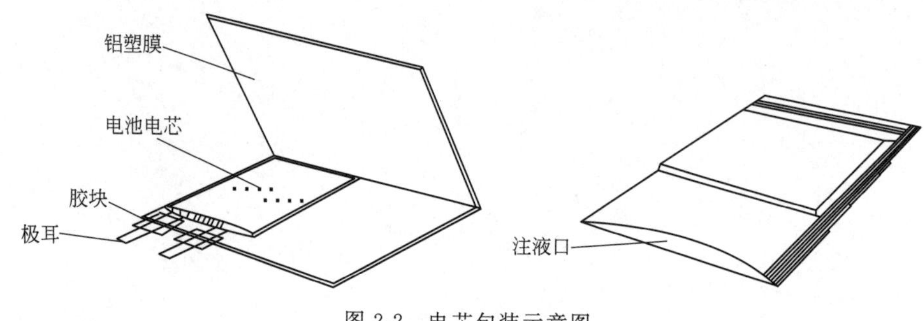

图 2-2　电芯包装示意图

三、材料与仪器

正、负极片（焊接好极耳），透明胶，隔膜，卷绕机，铝塑膜，切片机，封边机。

四、实验步骤

1. 切片

（1）开启电源，检查切片机运行情况，擦拭工作台面。

（2）把制得的大极片纵向水平放在切片机入口端，大极片在靠近分切入口的位置用双手水平给极片施加一定压力但不影响极片分切，在分切过程中切勿移动双手，同时要注意安全。

（3）测试分切后极片的宽度（正极片宽度 73mm；负极片宽度 75mm），接片时应将极片摆放整齐并检查有无毛刺，若有，则为不良极片，将其挑选出来。

（4）实验中工作台面与托盘应及时进行清理，不能残留极粉。

（5）实验过程应注意安全。

（6）实验完成后，进行机器的清洁保养，关闭电源。

2. 卷绕

（1）开启电源，检查卷绕机运行状况，擦拭工作台面，按照卷绕工艺参数调节卷绕速度。

（2）把负极片放入卷绕机负极凹槽，有极耳一端向着卷绕机，右脚轻踩踏板使负极预卷半圈，把正极片放入卷绕机正极凹槽，有极耳一端向着卷绕机，保证正极片与负极片充分对齐，对齐极耳间距（此时以卷针宽度来衡量），右脚轻踩踏板，此时正、负极片卷绕完成，卷芯为隔膜-负极片-隔膜-正极片，再轻踩一次踏板，机器自动给卷芯贴胶，以防正、负极片散开。

（3）卷绕过程注意安全，以防伤到手指。

（4）开启冲壳机，把 16cm×17.5cm 的铝塑膜光面朝上放入冲壳机，左、右手同时按住左、右边开关，此时铝塑膜冲壳完成。

（5）把卷芯放入铝塑膜凹壳位置，对折铝塑膜包住卷芯，在此过程中尽量保持铝塑膜外观平整。

（6）开启封边机电源，检查运行状况，擦拭工作台面，确认封边刀具尺寸符合工艺要求，对齐封边机上下模，调节上下封头温度，使得封边牢固。

（7）把电池电芯带极耳的一端放到封边刀口上，按下气动开关，上下模合一，正封边完毕。

（8）将正封后靠近电池电芯侧端进行热封。

（9）正封边机和侧封边机上下模的温度 185℃，使用过程中注意安全，以防烫伤。

（10）封边后的电池电芯放入真空干燥箱中，80℃真空干燥 24h，清洁并保养热封机，关闭电源并放气。

五、思考题

1. 卷绕工序对电池的性能有什么影响？
2. 如果正、负极片之间没有隔膜，会有什么影响？如何处理？
3. 如何判断热封边时是否封牢固？

六、卷绕作业指导书

1. 卷绕

广西低碳能源材料重点实验室	产品类型	软包装锂离子电池
卷绕	编号	WI-ME-001
	发放日期	2015-11-4

作业要求或判断标准：

1. 胶纸尺寸：0.45cm
2. 收尾检查
3. 负极收尾的位置
4. 隔离膜尾超负极≥3.0mm
5. 正极胶纸超负极尾≥0.5mm
6. 收尾内外层隔离膜长度差
7. 裸电芯极耳中心距：(20±0.5)mm
8. 裸电芯极耳到边距的距离：11mm
9. 负极与隔离膜对位检查

工艺参数：

1. 卷芯尺寸：5.2mm×44mm×8.2mm
2. 卷绕速度：100r/min
3. 收尾速度：70r/min
4. 胶纸速度：50r/min
5. 卷绕圈数

作业步骤：

1. 确定设备
2. 将正负极片和隔膜纸按次序叠放入导槽
3. 调整极片导槽与隔膜的位置，使正负极片处于隔膜正中间
4. 依次踩 4 下踏板
5. 取下卷绕好的电芯进行全检

注意事项：

负极与正极收尾处于同一面

2. 铝塑膜冲壳

广西低碳能源材料重点实验室	产品类型	软包装锂离子电池
铝塑膜冲壳	编号	WI-ME-001
	发放日期	2015-11-4

作业要求或判断标准：

1. 铝塑膜厚度：113μm
2. 下料尺寸：480mm×153mm×5mm
3. 冲坑深度：2.5mm
4. 内坑尺寸
5. 顶封边宽：3mm
6. 侧封边宽：5mm
7. 外观检查：无凹凸点，无破损

作业步骤：

1. 确定设备
2. 铝塑膜顶住卡槽放入
3. 按启动电源

实验九　软包装锂离子电池的工业化制备及电化学性能检测（三）电池封装

一、实验目的

1. 学会按照电池的尺寸裁铝塑膜。

2. 掌握使用半自动铝塑膜成型机，按需要的电池尺寸冲壳。

3. 学会使用简易封边机对电池进行顶侧封。

二、实验原理

根据设计的电池尺寸计算出所需要裁剪的铝塑膜的大小。根据电芯的大小选择正确的冲铝塑膜的模具，并计算好适合的冲壳的位置，避免影响顶侧封。正确地放置电芯，在顶侧封铝塑膜时，设置适合的温度，温度过低会使铝塑膜封不严实，造成之后电池的漏液，温度过高会使铝塑膜变形，不能使用。用封边机对电芯进行热封合，并留一侧作为注液口。

三、材料与仪器

电芯、铝塑膜、真空干燥箱、半自动铝塑膜成型机、简易封边机、直尺、裁纸刀。

四、实验步骤

（1）使用直尺按照工艺要求量好铝塑膜，并做好标记，然后使用裁纸刀进行裁剪。

（2）开启电源，检查半自动铝塑膜成型机运行状况，清洁工作台面，调节机器。

（3）按照工艺要求，选取冲壳模具，并使用酒精擦拭干净。

（4）把铝塑膜放置在正确的位置，然后双手按下运行按钮，开始进行冲壳。

（5）开启封边机电源，检查运行状况，擦拭工作台面，确认封边刀具尺寸符合工艺要求，对齐封边机上下模，检查硅胶条是否有变形、熔断，高温胶有无褶皱。

（6）测试封边拉力、封刀口的高温胶处的温度，调节上下封头温度，确保封边牢固。

（7）将电芯置入铝塑膜中，使得一端外露铝塑膜约10mm，对折成模型。将电池电芯带极耳的一端放置在封边硅胶条上，按下气动开关，上下模合一，正封边完毕。再次对靠近电池电芯的侧端进行热封。

（8）封边机上下模的温度约170℃，使用过程中注意安全，以防烫伤。

（9）封边后的铝塑电芯放入真空干燥箱中，80℃真空干燥24h。清洁并保养热封机，关闭电源并放气。

五、思考题

1. 如果顶侧封没有封牢固会有什么影响？如何处理？
2. 如何判断热封边时是否封牢固？

实验十 软包装锂离子电池的工业化制备及电化学性能检测（四）注液及化成

一、实验目的

1. 学会电池的注液方法。
2. 掌握化成及性能检测方法。

二、实验原理

电池的化成是电池注入电解液后，通过一定的充放电制度，将其内部正负极物质活化，改善电池的充放电性能及自放电、储存等综合性能的过程，电极材料经过化成后才能体现真实性能。

电池的性能包括放电特性、循环寿命、库仑效率、倍率性能、能量密度等。其中，放电特性是指电池在一定的放电制度下，其工作电压的平稳性、电压平台的高低以及大电流放电性能等，它表明电池带负载的能力。循环寿命是指二次电池按照一定的充放电制度，进行反复充放电至电池失效的循环次数，是衡量二次电池的一个重要的性能指标。一般以电池的容量衰减到一定程度作为二次电池失效的标准，具体的数值因电池的种类及所采用的充放电制度有关。

三、试剂与仪器

524482 型铝塑膜软包装磷酸亚铁锂电池单体、电解液、冷冻干燥手套箱、空气压缩机、氩气、LAND 测试仪。

四、实验步骤

(1) 提前 1h 开启冷冻干燥手套箱，打开露点仪，露点仪示数低于－30 时可以开始实验，即转入干燥的电池电芯。

(2) 把电芯尽快放入手套箱的过渡仓内，通过换气操作，转移到箱体内。

(3) 用电解液润洗烧杯及针头。从电芯的注液口注入一定量的电解液。一般注入量为 9g，这是根据正极片质量确定的。

(4) 把注入电解液的电芯置入过渡仓，缓慢抽气，再缓慢进气，以防电解液飞溅出来，反复操作三次。

(5) 通过内舱门取出电芯，在手套箱外对电芯进行热封边。封边参数设置为热封温度

170℃，热封时间 3s。

（6）取出封装后的电池，搁置电池 8h。同时对仪器进行清洁保养，关闭电源。

（7）开启电池测试仪，将搁置后的电池连接到测试通道。

（8）进入测试软件，设置化成参数（0.05*C* 恒流充电 3h 到 0.2*C* 恒流充电 3h），确认后启动测试程序，电池进入化成阶段。化成完成之后，电池进入抽气折边工序，利用 Battery 计算相应的电流密度。

（9）完成电池充放电测试、倍率性能测试、循环测试的参数设置，确认后启动测试。

五、实验记录与结果处理

（1）记录倍率充放电测试数据并绘制圈数-比容量图，充放电测试参数为：

① 0.2*C* 倍率恒流放电至 2V；

② 0.2*C* 倍率恒流充电至 3.9V；

③ 3.9V 恒压充电至电流小于或等于 0.02mA；

④ 循环 5 圈。

（2）记录循环充放电测试数据并绘制圈数-比容量图，循环测试参数为：

① 1*C* 倍率恒流充电至 3.9V；

② 3.9V 恒压充电至电流小于或等于 0.02mA；

③ 静置 10min；

④ 1*C* 倍率恒流放电至 2V；

⑤ 静置 10min；

⑥ 循环 200 圈。

六、注意事项

1. 注液过程注意安全，以防电解液腐蚀皮肤。
2. 电池的正负极分别与测试仪通道上的正负极相对应，以防电池短路。

七、思考题

1. 为什么需要在惰性气氛条件下注入电解液？
2. 电池注液后为什么需要化成？

实验十一 | 充电宝的装配及性能检测

一、实验目的

1. 掌握充电宝装配的原理及工艺历程。

2. 了解充电宝的性能检测方法以及影响充电宝性能的各种因素。

二、实验原理

充电宝是指可以直接给移动设备充电且自身具有储电单元的装置，也就是方便易携带的大容量移动电源，集储能、充电、升压、管理于一身的便携式设备。充电宝自身的充电插头直接通过交流电源可以对充电设备进行充电且自身具有存电装置，相当于一个充电器和备用电池的结合体，相比备用电源而言可以简化为一个充电插头的装置，而相比于充电器它又自身具有存电装置，可以在没有直流电源或外出时给电子产品提供备用电源。

真正意义上的充电宝是由锂离子电池作为储电单元，通过IC芯片进行电压的调控，再通过连接电源线充电或储电，然后将储存的电量释放出来。

移动电源额定能量的计算方法：在电路中，芯片会实时监测锂芯的电压、温度、充电电流和充电时间。一旦电池的温度达到60℃，或锂离子电池的电压达到4.2V，恒压充电状态自动终止。

充电宝额定能量(W·h)＝额定电压(V)×额定容量(mA·h)/1000 或 W·h＝V·A·h

以目测市场上额定容量10400mA·h的小米充电宝为例，其输出电压为5.1V，则其额定能量为：

$$5.1\text{V}\times 10400\text{mA}\cdot\text{h}/1000=53.04\text{W}\cdot\text{h}$$

当前商业化充电宝的额定容量基本小于100W·h，由于所用的电极材料不同，安全性有所差异。

三、材料与试剂

热风枪、电烙铁、十字螺丝刀、超声波焊台、锂离子电池、充电宝外壳、电芯支架、电源管理PCB板、防震泡沫。

四、实验步骤

1. 充电宝制作工艺流程图

充电宝制作工艺流程图见图2-3。

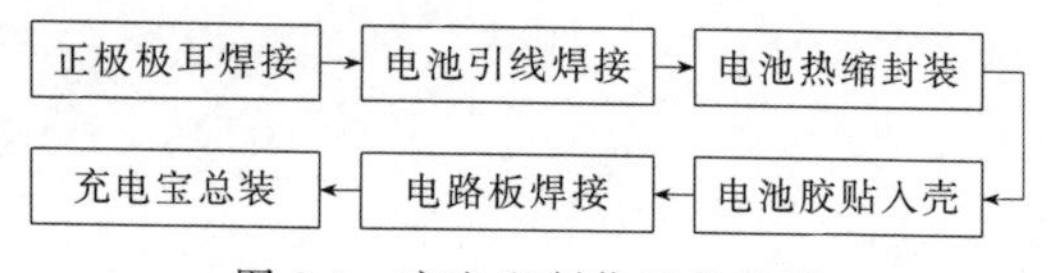

图 2-3 充电宝制作工艺流程

2. 充电宝制作步骤

① 正极极耳焊接。取电池电芯和镍片，镍片作为正极极耳，用超声波焊台将两者焊接。

② 电池引线焊接。取充电宝引线，用电烙铁和焊锡焊接在极耳镍片上。

③ 电池热缩封装。取相应的热缩套管，将电芯放入热缩套管内，并用热风枪进行热缩。

④ 电池胶贴入壳。用双面胶将热缩后的电芯，牢固粘贴在充电宝壳内。

⑤ 电路板焊接。取电路板，用电烙铁将电芯上的引线焊接在电路板的相应位置。

⑥ 充电宝总装。将充电宝外壳扣上，完成充电宝装配。

五、实验记录与结果处理

移动电源的性能，是由其额定容量来决定的。锂离子电池的电压平台为 3.6V，而充电宝的正常工作电压要求 5V，因此，在充电宝内部有一个从 3.6V 转换到 5V 的过程。这一过程需要能量损耗，同时锂离子电池自身的稳压和自我保护系统也需要能量损耗，因此实际的输出容量与电池的额定容量之比为充电宝的转换效率。测试组装好的充电宝的实际输出容量，并计算其转换效率，并填入表 2-4。

表 2-4 充电宝的转换效率

额定容量/mA·h	实际输出容量/mA·h	转化效率

六、思考题

1. 影响充电宝转化效率的因素有哪些？
2. 充电宝的输出电流怎样波动？为什么？

七、背景材料

1. 充电宝定义

充电宝（charge baby）是指可以直接给移动设备充电且自身具有储电单元的装置。目前市场主要品类有专为 iPhone 配置的充电宝和多功能性充电宝，但即使 iPhone 专用，基本都配置标准的 USB 输出，基本能满足目前市场常见的移动设备手机、MP3、MP4、PDA、PSP、蓝牙耳机、数码相机等多种数码产品。严格地说，充电宝由锂离子电池作为储电单元，通过 IC 芯片进行电压的调控，再通过连接电源线充电或储电，然后将储存的电量释放出来。

2. 充电宝分类

充电宝在市面生产的一般都是使用普通18650锂电芯和高级锂聚合物电芯，高级锂聚合物电芯比18650锂电芯具有更好的安全性。在经济允许的情况下建议选择高级锂聚合物电芯的充电宝。

普通锂电芯电池因为发展时间比较久远，电池的价格非常低廉；缺点是废旧翻修电池较多，因为工艺原因，问题率和不及格率居高不下。体积大、质量重、使用寿命短和有可能引起爆炸，这是非常致命的缺点，主流的移动电源都在逐步淘汰这种电芯。未来，普通锂电芯将会逐步退出历史的舞台。

按照充电方式分类，充电宝可分为以下两类：

（1）线性充电宝　采用的是纯电阻限流降压或充电管理芯片降压，把输入5V的电压直接降到电池所需要的电压，中间通过三极管放大或芯片内部的比较器放大进行限流，具有开发时间周期短、成功率相当高的优点。

缺点一是这种线路都是通过线性稳压恒流以消耗多余能量来达到降压充电目的，温度相当高而且充电电流不能做大，因为充电电流越大，自消耗能量就会变大，同样散热面积也要增大。

缺点二是这种线路充电电池容易极化，充电电流越大，极化面积就会越大，容量就会变得越低，时间长了电池也就变得没容量了。减小极化现象最好的方法就是把电池用完再充电，减少电池充电次数等于延长了电池使用寿命（极化是指产生氧化物堆积阻碍电子移动）。线性充电通常有恒流—恒压—涓流三段过程。

（2）脉冲充电宝　该充电宝采用的是CMOS电子开关，通过控制开关的时间和频率进行降压、恒流充电，也叫作PWM控制充电。中间控制过程需要通过CPU端口检测所要控制处的数据，进行计算反馈调节PWM的宽度或频率完成充电过程，缺点是这种线路技术相当复杂。脉冲充电宝通常有慢充恒流—快充恒流—快充恒压—涓流修复四段过程。

第三章
超级电容器

实验十二　二氧化锰的超级电容性能测试

一、实验目的

1. 理解超级电容器的基本原理及特点。
2. 掌握二氧化锰电极的制备及三电极体系测试电容性能的方法。
3. 掌握恒电流充放电过程的特点。

二、实验原理

电容器是一种电荷存储器件，按其储存电荷的原理可分为两类：传统静电电容器和化学电容器。传统静电电容器主要通过电介质的极化来储存电荷，它的载流子为电子。化学电容器，又称为超级电容器，包括双电层电容器、法拉第赝电容器和混合型超级电容器。

双电层电容器的储能主要依靠电极/电解液界面间的双电层，在整个电化学过程中电极不发生氧化还原反应。法拉第赝电容器的储能过程中不仅包括双电层储电，还伴随着法拉第过程的发生，电子在迁移中穿过电极界面使电极材料发生氧化还原反应并产生电荷存储。因此，赝电容的大小通常是由电极材料所含活性物质的多少以及氧化还原反应时的利用情况决定的。赝电容超级电容器通常使用导电聚合物和金属氧化物作为电极材料，利用它们的快速氧化还原反应来存储电荷，这种方式普遍比单纯的双电层电容器具有更高的电荷存储能力。

金属氧化物是赝电容器中最为广泛使用的材料，其中 MnO_2 得到了最广泛的研究，发展迅速。这主要是由于锰元素在地壳中的含量排在过渡元素中的第三位，仅次于铁和钛。锰元素在自然界中主要以软锰矿（$MnO_2 \cdot nH_2O$）的形式存在。对于锰的化合物，由于锰的氧化价态有+7，+6，+5，+4，+3，+2，+1，0，−1，−2，丰富的化合价态以及化合物种类为氧化锰材料的研究提供了无限的可能。另外，MnO_2 具有较大理论比电容、制备成本低廉、自然资源丰富以及对环境友好的特点，同时 MnO_2 作为电极材料可在中性水系电解液中表现出优良的电化学特性，且电位窗口较宽。

MnO_2 材料在水系电解液中的电化学反应机理（即储能机理）主要基于高度可逆的法拉第氧化还原反应来获得电容量。离子的嵌入与脱出过程伴随着 Mn^{4+}/Mn^{3+} 的价态变化，电解液中的阳离子在 MnO_2 电极材料中的反应方程式为：

$$MnO_2 + M^+ + e^- \longrightarrow MnOOM$$

由于 MnO_2 材料的半导体性质，实验中常采用三电极体系来测试其电容性能。本实验以泡沫镍为载体，制备 MnO_2 工作电极，并利用循环伏安曲线和恒流充放电曲线，测定活性物质 MnO_2 的比容量。

三、试剂、材料与仪器

1. 试剂和材料

MnO_2，3mol/L KOH，泡沫镍，乙炔黑，黏结剂（聚四氟乙烯 PTFE），隔膜，去离子水等。

2. 仪器

CHI 电化学工作站，电子天平，真空干燥箱，压片机，铂片电极，饱和甘汞电极。

四、实验步骤

1. MnO_2 电极的制备

（1）按 75∶15∶10 的质量比，称取活性物质 MnO_2、导电剂乙炔黑和黏结剂 PTFE，加入适量去离子水，快速研磨成浆料。

（2）将浆料均匀涂敷于泡沫镍上。

（3）真空 120℃下干燥电极 1h，再取出压片，称量计算 MnO_2 的净负载量。

MnO_2 电极的制备流程见图 3-1。

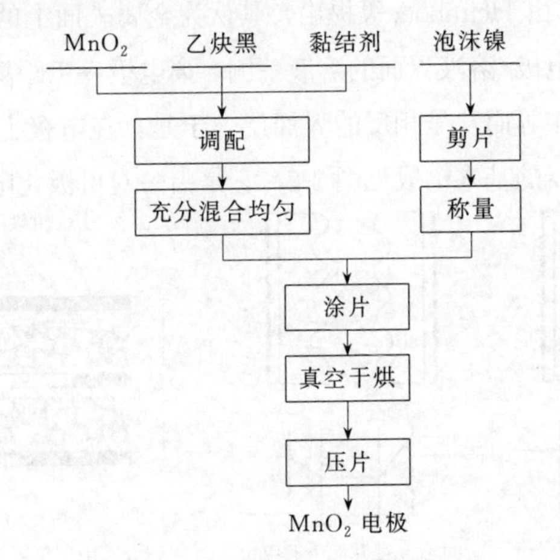

图 3-1 MnO_2 电极的制备流程

2. 电化学性能测试

涂制的泡沫镍负载 MnO_2 样品电极为工作电极，铂片电极为对电极，饱和甘汞电极（SCE）为参比电极，3mol/L KOH 水溶液为电解液，利用 CHI 系列的电化学工作站，进行三电极体系电化学性能测试。在测试中，循环伏安曲线（CV）和恒流充放电曲线（GCD）测量的电势窗口均为 0～0.8V。CV 曲线的扫描速率分别为 50mV/s，100mV/s，150mV/s，200mV/s。GCD 曲线的电流密度分别为 0.5A/g，1A/g，3A/g，5A/g，10A/g。

五、数据处理

（1）绘制不同扫描速率下的 CV 曲线，利用 CV 曲线计算比电容的公式为：

$$C=\frac{\int I\,dV}{v\Delta Vm}$$

式中，C 为活性电极材料的质量比电容，F/g；I 为氧化电流或还原电流，A；v 为电压扫描速率，V/s；m 为工作电极负载的活性物质的质量，g；ΔV 为电压扫描范围，V。

（2）绘制不同电流密度下的 GCD 曲线，利用 GCD 曲线计算比电容的公式为：

$$C=\frac{I\Delta t}{m\Delta V}$$

式中，C 为活性电极材料的质量比电容，F/g；I 为放电电流，A；Δt 为放电时间，s；m 为工作电极负载的活性物质的质量，g；ΔV 为充放电电压范围，V。

六、思考题

1. 列举超级电容器与传统电容器的区别。
2. 影响超级电容器性能的因素有哪些？
3. 如何降低超级电容器的内阻？

七、背景材料

双电层理论在 19 世纪末由 Helmhotz 等提出，其认为金属表面上的净电荷将从溶液中吸收电荷符号相反的离子，使它们在电极/溶液界面的溶液一侧，离电极一定距离排成一排，形成一个电荷数量与电极表面剩余电荷数量相等而符号相反的界面层。于是，在电极上和溶液中就形成了两个电荷层，即双电层。双电层电容器的基本构成见图 3-2，它是由一对可极化电极和电解液组成。

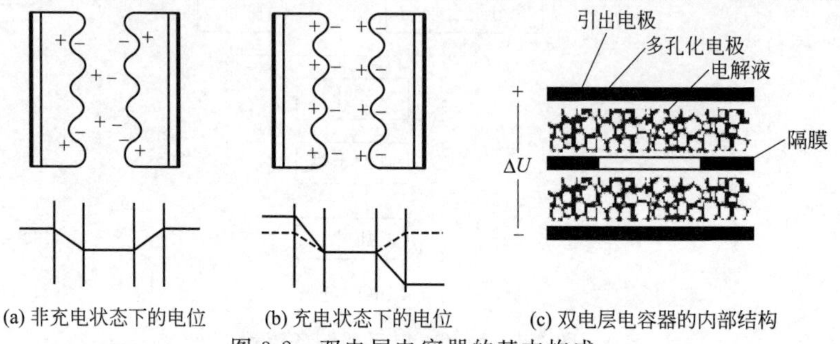

图 3-2　双电层电容器的基本构成

对于法拉第赝电容器而言，其储存电荷的过程不仅包括双电层的电荷存储，还包括电解质离子在电极中的活性物质表面或体相内进行欠电位沉积，发生高度可逆的化学吸附/脱附过程或者氧化还原反应，从而形成与电极充电电位有关的电容。双电层电容器中的电荷存储与上述类似，对于化学吸/脱附机理来说，一般过程为：电解液中的离子（一般为 H^+ 或 OH^-）在外加电场的作用下由溶液中扩散到电极/溶液界面，而后通过界面的电化学反应：

$$MO_x + H^+(OH^-) + (-)e^- \longrightarrow MO(OH) \tag{3-1}$$

进入到电极表面活性氧化物的体相中，由于电极材料采用的是具有较大比表面积的氧化物，这样就会有相当多的氧化物发生电化学反应，大量的电荷就被存储在电极中。根据式(3-1)，放电时这些进入氧化物中的离子又会重新返回到电解液中，同时所存储的电荷通过外电路而释放出来，这就是法拉第赝电容器的充放电机理。

实验十三　聚苯胺的制备及其超级电容性能测试

一、实验目的

1. 学会聚苯胺的制备方法。

2. 掌握三电极体系的结构及原理。

3. 掌握电化学工作站的测试方法和电池测试系统对双电层电容器进行恒流直流测试方法。

4. 分析掌握赝电容活性物质比容量的计算方法和影响因素。

二、实验原理

聚苯胺赝电容器是一种超级电容器，其原理是采用导电聚苯胺作为电极材料，通过充放电时聚苯胺上发生快速可逆的掺杂和去掺杂氧化还原反应，从而使聚苯胺电极上储存高密度电荷，产生很高的法拉第赝电容而储存能量，原理示意图见图 3-3。

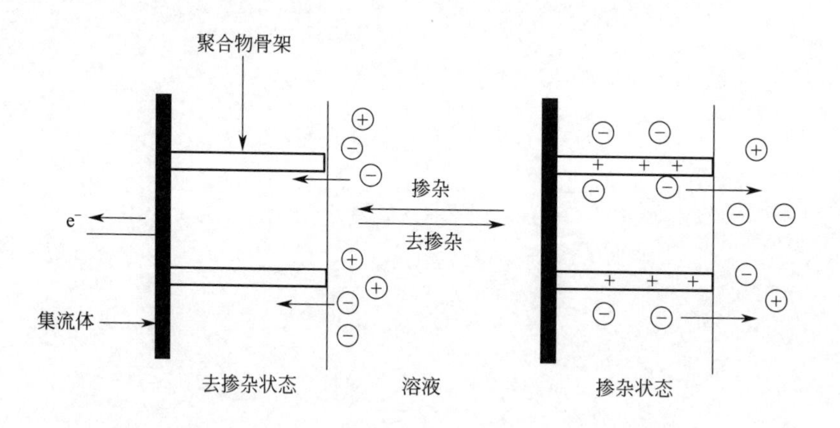

图 3-3　聚苯胺赝电容器的工作原理示意图

聚苯胺因具有共轭体系而导电，通常纯净的聚合物导电性并不是很高，电导率只有几西门子每厘米，经过掺杂后的导电聚合物电导率可以达到几百西门子每厘米。经过掺杂后，导电聚合物质子化，电子云会重新排布，能够像金属一样导电。

$$*\!-\!\left[\left(C_6H_4\!-\!NH\!-\!C_6H_4\right)_y\!-\!NH\!-\!\left(C_6H_4\!-\!N\!=\!C_6H_4\!=\!N\right)_{(1-y)}\right]_n\!-\!*$$

其中，y 表示聚苯胺的氧化还原程度，其值在 0～1 之间，其中既有苯式结构，也有醌式结构。当 $y=0.5$ 时，为聚苯胺的中间氧化态，此时结构中氧化态单元与还原态单元的数量相等。苯醌比为 3∶1，其结构式可以表示为：

$$\left[\!-C_6H_4-N=C_6H_4=N-C_6H_4-NH-C_6H_4-NH-\right]_n$$

只有中间氧化态结构的聚苯胺能够实现质子酸掺杂后电导率由绝缘体到导体的突变。经过质子酸掺杂后，整个聚苯胺电子云会重新排布，产生良好的导电性。

当外加电压加到聚苯胺赝电容器的两个电极上时，对于正极，电子由聚苯胺经集流体流向外电路，聚苯胺呈现正电性，同时电解液中的阴离子向正电极表面迁移并进入聚苯胺网络间隙以维持电极整体电中性。对于负极，聚苯胺则由外电路得到电子，阳离子向负极表面迁移并进入聚苯胺结构间隙当中。在放电过程中，电子由外电路进入正极，负极的电子流向外电路。在正极和负极间隙中的离子以浓差扩散的方式向电解液中迁移，聚苯胺发生去掺杂反应。因此聚苯胺电极不仅具有碳超级电容器的双电层的优点，也具有金属氧化物法拉第赝电容器的特性，具有很高的比电容，是双电层的 10～100 倍。当两极板间电势低于电解液的氧化还原电势时，电解液界面上电荷不会脱离电解液，聚苯胺超级电容器为正常工作状态，如电容器两端电压超过电解液的氧化还原电势时，电解液将分解，为非正常状态。随着充放电次数的增加，掺杂和去掺杂会影响正负极上聚苯胺的主链结构稳定性。由此可以看出：聚苯胺在充放电的过程中，还发生了化学反应，可以储存更高的电能。

由于聚苯胺电容存储机理为赝电容，因此采用三电极体系，测试聚苯胺的电化学性能。以玻碳电极负载聚苯胺分散液为工作电极、铂片电极和饱和甘汞电极为对电极和参比电极构成三电极测试体系。

三、试剂、材料和仪器

1. 仪器

CHI 电化学工作站，磁力搅拌器，电子天平，真空干燥箱，ϕ4mm 玻碳电极，铂片电极，饱和甘汞电极，移液枪。

2. 试剂和材料

1.0mol/L 的 HCl，乙醇，1.0mol/L 的 H_2SO_4，泡沫镍、5%（质量分数）Nafion 溶液，苯胺（An，AR 级），盐酸（AR 级），过硫酸铵（APS，AR 级），隔膜，去离子水。

四、实验步骤

1. 聚苯胺的合成

取烧杯加入 1.0mol/L 的 HCl 溶液 200mL，再加入 0.03mol 的苯胺，搅拌均匀。另取一烧杯，用 100mL 的 1.0mol/L HCl 溶液溶解 0.03mol 的过硫酸铵。将过硫酸铵溶液缓慢滴入苯胺溶液中，磁力搅拌反应 6h。溶液由无色变为紫红色，最后变成墨绿色，依次用 1.0mol/L 的 HCl 溶液、去离子水抽滤洗涤。样品在 60℃真空中干燥 12h，研磨后即可得聚苯胺粉体材料。

2. 聚苯胺电极的制备

(1) 将 4 mg 聚苯胺粉末分散在乙醇和水（体积比 1∶1）的混合溶液中，制备 2mg/mL 的聚苯胺溶液。用移液枪取 5%（质量分数）Nafion 溶液 10μL 加入聚苯胺溶液，超声 0.5h，获得均匀分散的聚苯胺分散液。

(2) 用移液枪取 15～25μL 聚苯胺分散液，滴加在垂直放置的玻碳电极上，待分散液铺满玻碳面，静置干燥，完成聚苯胺电极的制备，计算玻碳电极上聚苯胺的净负载量。

3. 电化学性能测试

以聚苯胺电极为工作电极，铂片电极为对电极，饱和甘汞电极（SCE）为参比电极，1.0mol/L 的 H_2SO_4 水溶液为电解液，利用 CHI 系列的电化学工作站，进行三电极体系电化学性能测试。在进行的测试中，循环伏安曲线（CV）和恒流充放电曲线（GCD）测量的电势窗口均为 0～1.0V。CV 曲线的扫描速率分别为 50mV/s，100mV/s，150mV/s，200mV/s。GCD 曲线的电流密度分别为 0.5A/g，1A/g，3A/g，5A/g，10A/g。在 3A/g 电流密度下，恒流充放电 100 圈，考察聚苯胺的电化学稳定性。

五、数据处理

(1) 绘制不同扫描速率下的 CV 曲线，利用 CV 曲线计算聚苯胺的比电容，公式如下：

$$C=\frac{\int I\,\mathrm{d}V}{v\Delta Vm}$$

式中，C 为活性电极材料的质量比电容，F/g；I 为氧化电流或还原电流，A；v 为电压扫描速率，V/s；m 为工作电极负载的活性物质的质量，g；ΔV 为电压扫描范围，V。

(2) 绘制不同电流密度下的 GCD 曲线，利用 GCD 曲线计算聚苯胺的比电容，公式如下：

$$C=\frac{I\Delta t}{m\Delta V}$$

式中，C 为活性电极材料的质量比电容，F/g；I 为放电电流，A；Δt 为放电时间，s；m 为工作电极负载的活性物质的质量，g；ΔV 为充放电电压范围，V。

(3) 根据 3A/g 电流密度下，恒流充放电 100 圈的曲线，利用公式计算第 1、10、20、30、40、50、60、70、80、90、100 圈的放电比容量，绘制圈数-比容量图，分析聚苯胺的电化学稳定性。

六、思考题

1. 碳超级电容器和聚苯胺超级电容器在能量储存与转换方面有什么异同？
2. 在聚苯胺电极的制备过程中，影响聚苯胺电容性能的因素有哪些？
3. 不同电流密度下聚苯胺电极的比容量有什么不同？原因是什么？

七、背景材料

1. 聚苯胺的特点及导电机理

导电聚合物即导电高分子材料，是具备导电能力的高聚物。1977 年发现聚乙炔在碘掺杂后，其室温电导率达到 10^3 S/cm，具有类似金属的导电性。在目前所知的本征导电高聚物中，以聚苯胺（PANI）、聚吡咯（PPY）、聚对苯乙炔（PPV）、聚噻吩（PEDOT）等几种高聚物研究最多，其中聚苯胺的原料易得、性能稳定、合成简单等优点使其成为当今研究的热点之一。

在导电聚合物中，聚苯胺是最具有研究价值和应用前景的一种高分子材料。首先，本征态的聚苯胺通过质子酸掺杂或电化学氧化聚合后具有导电性并且电导率提高近十个数量级。但是其电子数并不发生变化，只是质子进入聚苯胺链上使分子链带正电。这与聚噻吩和聚吡咯等其他导电聚合物是完全不同的。另外，经质子酸掺杂的聚苯胺可以与碱反应转变成绝缘体，在水相和有机相中具有独特的掺杂和反掺杂特性，并且是可逆的。

聚苯胺的导电过程是载流子在电场作用下做定向运动的过程，导电的主要因素与其本身的能带结构有关。当禁带的宽度大于 10.0eV 时，电子很难激发到导带，此时就不会导电，为绝缘体；而当禁带宽度为 1.0 eV 时，电子可以通过热或振动等方式激发到导带，此时为半导体。经掺杂的聚苯胺其禁带与导带之间的能带宽度（禁带）恰好为 1.0 eV 左右，因此聚苯胺具有良好的导电性质。

2. 聚苯胺的合成

目前，聚苯胺的合成方法主要有：电化学方法、模板法、紫外照射法、固相法、水热法、现场吸附聚合、气相法、化学氧化聚合、自主装法、缩合聚合、电化学聚合、微乳液聚合酶催化聚合等方法。

（1）化学氧化聚合　化学氧化聚合方法通常是在酸性水溶液中，苯胺单体在氧化剂的作用下氧化聚合成聚苯胺。在此聚合过程中酸、氧化剂以及温度对于最终聚苯胺的形成或是性能起到了至关重要的作用。采用的氧化剂主要有过二硫酸铵、重铬酸钾、过氧化氢、三氯化铁等等。通过一系列的探讨和研究，许多工作者认为过二硫酸铵是苯胺聚合最理想的氧化剂。当苯胺单体与氧化剂的用量比为 1∶1 时，可获得高产率、高分子量和高电导率的聚苯胺；当苯胺单体与氧化剂的用量比小于 1∶1 时，聚苯胺的产率受到影响，但是性质上不发生任何变化；当苯胺单体与氧化剂的用量比大于 1∶1 时，等量的苯胺和过二硫酸铵是合成聚苯胺最优化的条件之一。另外，质子酸是影响聚苯胺聚合的一个重要因素，它在聚合过程中一方面提供反应介质所需的酸性环境，另一方面它以掺杂剂的形式进入聚苯胺的骨架，赋予聚苯胺一定的导电性。目前，合成聚苯胺所用到的质子酸主要有盐酸、高氯酸、硫酸等小分子质子酸和樟脑磺酸、十二烷基苯磺酸、萘磺酸等大分子有机酸。根据不同性能的需要，采用不同的酸来作为合成聚苯胺的掺杂剂。反应温度是影响聚苯胺分子量、结晶性和电学性质的另外一个重要因素。研究结果表明在强酸性介质中，低温条件下有利于得到高分子量、结晶性好的聚苯胺。

（2）微乳液聚合　微乳液聚合是在水溶液体系环境中，苯胺单体在表面活性剂的作用下制备聚苯胺的微乳液颗粒。所得到的产品乳胶具有粒径分布窄、分子量大（$>10^6$）、电导率和产率高等优点。微乳液聚合法制备的聚苯胺链的结构规整性好、结晶度高，而且合成出的聚苯胺颗粒具有纳米尺寸，且溶解性良好。

（3）电化学聚合　电化学聚合方法因其反应条件温和易控、产品纯度高、电化学聚合和电化学掺杂可一步完成等优点受到了许多科学工作者的青睐。聚苯胺的电化学合成是苯胺单体在电解质溶液中，阳极发生氧化聚合反应在电极表面沉积成膜的过程。电解质通常采用氢氟酸、硫酸、高氯酸、盐酸等酸。电极可采用铂电极、石墨电极、镀金电极等。其中电解质溶液和阴离子的种类是影响聚苯胺聚合的两个重要因素。当电解质溶液的 pH 值大于 3 时，在电极上所得的聚苯胺并不具备电活性，因而苯胺的电化学聚合一般在 pH 值小于 3 的电解质溶液中进行。另外，阴离子的种类不但影响苯胺在阳极的聚合速率，而且影响所得聚苯胺膜的形态。

实验十四　活性炭超级电容器的制备及其电化学性能测试

一、实验目的

1. 学会活性炭电极的制备方法。
2. 掌握双电层电容器组装技术。
3. 掌握电化学工作站的测试方法和电池测试系统对双电层电容器进行恒流直流测试方法。
4. 分析掌握双电层电容器比容量的计算方法和影响因素。

二、实验原理

活性炭双电层电容器是一种超级电容器，其原理是通过高比表面积活性炭电极/电解液界面电荷分离所产生的双电层电容而达到能量储存与释放的目的，原理示意图见图 3-4。

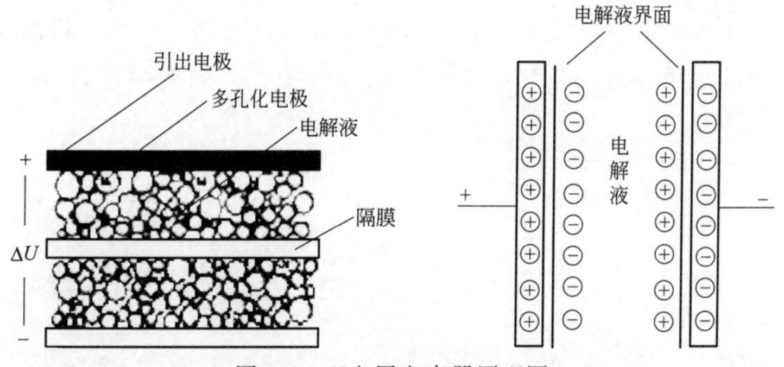

图 3-4　双电层电容器原理图

当外加电压加到双电层电容器的两个电极上时，与普通电容器一样，正电极存储正电荷，负电极存储负电荷，在双电层电容器的两电极上电荷产生的电场作用下，在电解液与电极间的界面上形成相反的电荷，以平衡电解液的内电场，这种正电荷与负电荷在两个不同相之间的接触面（电极/电解液界面）上，以正负电荷之间极短间隙排列在相反的位置上，这个电荷分布层叫作双电层，因此电容量非常大。当两极板间电压低于电解液的氧化还原电势时，电解液界面上电荷不会脱离电解液，双电层电容器为正常工作状态（通常为 3V 以下），如电容器两端电压超过电解液的氧化还原电势时，电解液将分解，为非正常状态。由于随着双电层电容器放电，正、负极板上的电荷被外电路泄放，电解液的界面上的电荷相应减少。由此可以看出：双电层电容器的充放电过程始终是物理过程，没有化学反应。因此性能是稳定的，与利用氧化还原反应的原电池不同，双电层电容器是因为在电极/电解液界面形成了双电层而存储了电能，没有发生氧化还原反应。

三、仪器与试剂

1. 仪器

IM6 电化学工作站，NEWARE 电池测试仪，压片机，小烧杯，电子天平（±0.1mg）等。

2. 试剂

聚四氟乙烯乳液（PTFE，60%），破乳剂（95%乙醇），乙炔黑（AB，工业纯），6mol/L KOH 溶液，活性炭（工业纯）。

四、实验步骤

1. 极片制备

以活性炭：乙炔黑：PTFE=80：10：10 的质量比称量，在小烧杯中加入一定量的黏结剂聚四氟乙烯乳液（PTFE，60%）和破乳剂（95%乙醇），搅拌均匀，再依次将活性炭粉末、乙炔黑放入，加热搅拌呈糊状，将其压成片状（厚度约为 0.3mm），并切成直径为 1.5cm 的圆片，放入干燥箱，120℃充分干燥，称重，即得到所需电极极片。

2. 双电层电容器组装

本实验双电层电容器体系为封装（packed）体系，如图 3-5 所示。将两块相同的电极极片用 50μm 厚的聚乙烯薄膜分隔，装在纽扣式电池壳中，并向壳内注入 6mol/L 的 KOH 水溶液。

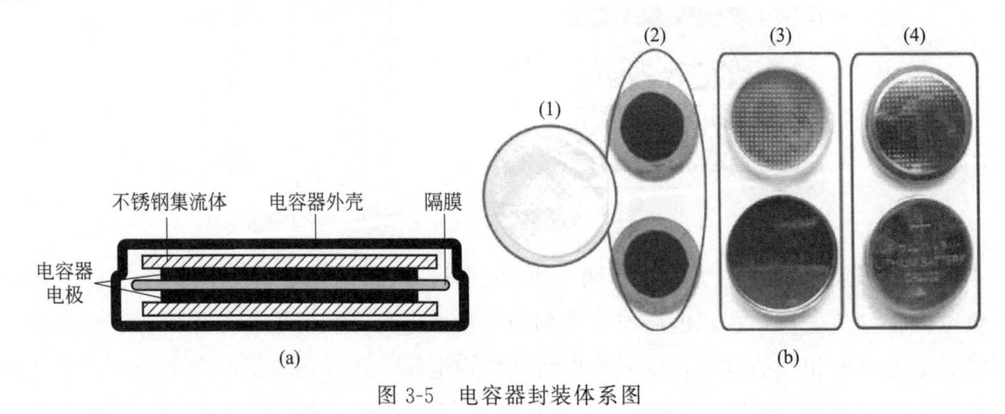

图 3-5 电容器封装体系图

3. 电化学性能测试

① 使用电池测试系统对双电层电容器进行恒流直流充放电测试。电流密度为：0.1A/g，0.2A/g，0.4A/g，0.8A/g，电压范围为：0.05～1.0V。

② 用 IM6 电化学工作站测定双电层电容器电极的循环伏安特性（CV），扫描速率为：5mV/s，电压范围为：0～1.0V。

③ 用 IM6 电化学工作站测定双电层电容器交流阻抗特性（EIS），频率范围为 1～

10MHz，振幅为 5mV。

五、数据处理

1. 根据恒流放电曲线计算比容量

$$C_T=\frac{I\Delta t}{\Delta V} \qquad C_s=\frac{m_1+m_2}{m_1m_2}C_T$$

式中，C_T 为通过放电曲线求得的放电总容量（F）；I，Δt，ΔV 分别为放电电流（A）、放电时间（s）和放电电压差（V）；C_s，m_1，m_2 分别为活性物质的比容量（F/g）、极片 1 的质量（g）和极片 2 的质量（g）。

2. 根据充放电曲线计算等效串联电阻（ESR）

ESR 相当于电容器内部的内阻，是电容器很重要的一个指标，它是影响功率特性最直接的因素之一。对于超级电容器，由于 ESR 的存在，在恒流充放电测试中的放电起始时往往会出现瞬时电压降（ΔV），该 ΔV 通常用于计算电容器的内阻，可以根据下式计算：

$$\mathrm{ESR}=\frac{\Delta V}{2I}=\frac{\Delta V_c-\Delta V_d}{2I}$$

式中，V_c 是电容器的充电结束电压；V_d 是放电开始电压；ΔV 为 V_c 到 V_d 的电压降；I 是放电电流。

3. 绘出循环伏安曲线（CV），讨论其电容特性

循环伏安主要表征超级电容器是否具有良好的电容特性以及循环可逆性。其原理是在电极上施加一个线性扫描电压，以恒定的变化速率扫描，达到设定的终止电压时，再反向扫描到设定的某一个电位，在扫描过程中电流随着时间不断变化，从而得到电流随电压的变化曲线。然而，实际生产中由于材料以及其他方面引入的内阻，导致实际测试的循环伏安曲线会偏离规则的矩形形状，而且超级电容器的内阻越大，其矩形度越差。另外，通过循环伏安曲线图可以计算在特定扫描速率下电极材料的比容量以及材料的电容特性，即相同扫描速率下，对应的循环曲线面积越大，超级电容器表现出的容量也就越大。

4. 绘出交流阻抗特性曲线，讨论其阻抗特性

交流阻抗（EIS）是电化学测试的基本手段，基本原理是应用小振幅的交变电流或电压信号，以便电极电压在平衡电位附近微扰，待其达到稳定状态后，测量其相应电压或电流信号的振幅和相。将不同频率交流阻抗的虚数部分对其实数部分作图，可得虚、实阻抗（分别对应于电极的电容和电阻）随频率变化的曲线。对于电极-溶液体系，其界面阻抗包括：理想双电层电容 C_{dl}；电极界面阻抗串联的溶液电阻 R_s；电极过程电荷转移电阻 R_{ct}；溶液-电极界面扩散引起的 Warburg 阻抗 R_w。

六、思考题

1. 双电层电容器和电池在能量储存与转换方面有什么异同？

2. 不同电流密度下双电层电容器的比容量有什么不同？原因是什么？

七、背景材料

双电层电容器使用最多的电极材料是多孔碳材料。这是因为碳材料来源广泛，价格便宜，具有巨大的比表面积和优良的导电导热性能，化学稳定性好，膨胀系数小，在制备过程中孔径分布可以调控，且可根据需要制成多种形态，如粉末、颗粒、纤维、布等。目前在双电层电容器方面应用的碳材料主要有活性炭粉末、活性炭纤维、碳纳米管和碳气凝胶等。

根据双电层产生的机理，碳材料应当具有利于电荷积累的高比表面以及电解液润湿及离子快速传输的孔结构。根据 IUPAC 的规定，孔径＞50nm 的孔为大孔，孔径介于 2～50nm 之间的孔为中孔，孔径＜2nm 的则为微孔。对于活性炭的孔隙结构，一般认为大孔上分叉地连接许多中孔，中孔上再分叉地连接有许多微孔。活性炭的表面积由大孔、中孔及微孔组成。大多数活性炭材料的大孔表面积不到 $2m^2/g$，与中孔和微孔相比可以忽略不计，故可认为活性炭的表面积由微孔面积和不包括微孔的外比表面积组成。除了不同的孔隙结构以外，碳材料表面的各种有机官能团也可能对电极性能产生影响。

碳材料都可以通过制备或活化过程获得较高的比表面积。为了获得碳电极的高比表面积，需要对碳材料进行改性处理以改变其物理化学性质，如表面形态、孔隙率、电导率、有机官能团含量等。改性处理通常有两种方法，即热处理和化学处理。碳材料表面的有机官能团对其电化学性能有很大的影响，不同前驱体制备的碳材料表面的官能团不同（图 3-6），对比容量的影响也不同。一方面，有机官能团可以改善碳材料的表面润湿性，增加法拉第赝电容，使比容量增大。另一方面，有机官能团的存在会增加电极的内阻，法拉第反应可能会使漏电流增大，降低电容器的储能性能。

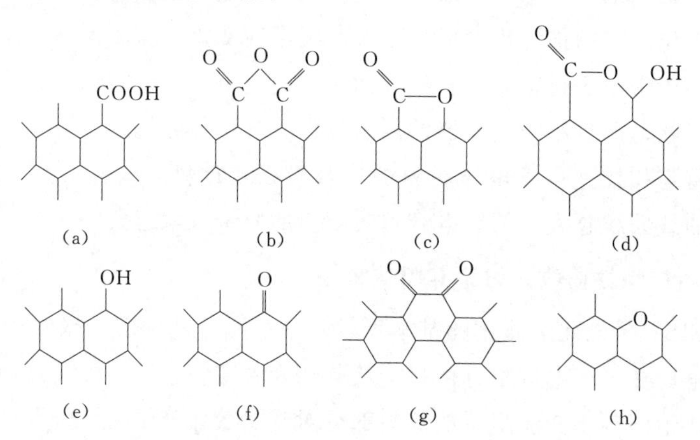

图 3-6 碳材料表面含氧官能团的可能结构

实验十五　活性炭/二氧化锰非对称超级电容器的制备及其电化学性能测试

一、实验目的

1. 学会混合型电容器电极的制备方法。

2. 掌握混合型电容器组装技术。

3. 掌握电化学工作站的测试方法和电池测试系统对双电层电容器进行恒流直流的测试方法。

4. 掌握混合型电容器比容量的计算方法和影响因素。

二、实验原理

活性炭/二氧化锰不对称超级电容器采用活性炭作为负极材料，通过双电层机理储存电荷；二氧化锰作为正极材料，通过发生快速吸附/脱附的氧化还原反应进行能量的转化。结构示意图见图 3-7。

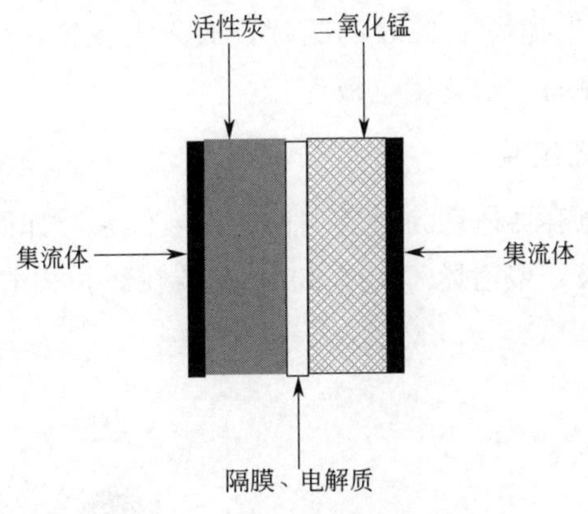

图 3-7　非对称电容器原理图

当外电压加到非对称电容器两个电极时，在电场的作用下，阳离子快速地迁向正极表面并进入二氧化锰晶体中，二氧化锰被还原成 MnOOH。阴离子则快速地移向负极的活性炭表面，以平衡电解液的内电场。当放电的时候，阳离子快速地脱附离开正极，MnOOH 被还原成二氧化锰。吸附在活性炭上的阴离子则移向电解液，维持电解液电中性。可见在充放电的过程当中，活性炭/二氧化锰不对称超级电容器将双层电容与金属赝电容两种储能机理有机地结合在一起，依靠电化学双层电容可快速充放电以及大倍率地提高输出功率，利用法拉第电容特性来保证能量的储存。

三、仪器和试剂

1. 仪器

IM6电化学工作站，NEWARE电池测试仪（深圳），压片机，小烧杯，电子天平（±0.1mg）等。

2. 试剂

聚四氟乙烯乳液（PTFE，60%），破乳剂（95%乙醇），乙炔黑（AB，工业纯），MnO_2（AR级），1.0mol/L H_2SO_4 溶液，活性炭（工业纯）。

实验流程图见图3-8。

图3-8 非对称超级电容器制备流程图

四、实验步骤

1. 极片制备

以活性炭：乙炔黑：PTFE=80：10：10的比例（质量比）称量物质，在小烧杯中加入一定量的黏结剂聚四氟乙烯乳液（PTFE，60%）和破乳剂（95%乙醇），搅拌均匀，再依次将活性炭粉末、导电剂（乙炔黑）放入进行和浆处理，加热搅拌呈糊状，将其压成片状（厚度约为0.3mm），切成直径为1.5cm的圆片，放入干燥箱，120℃充分干燥，称重，即得到所需电极极片。同理制备二氧化锰电极片。

2. 非对称双电层电容器组装

本实验非对称双电层电容器体系为封装（packed）体系，如图3-9。二氧化锰电极片为正极，活性炭电极片为负极，聚乙烯薄膜厚50μm，装在纽扣式电池壳中，并向其壳内注入6mol/L的KOH水溶液。

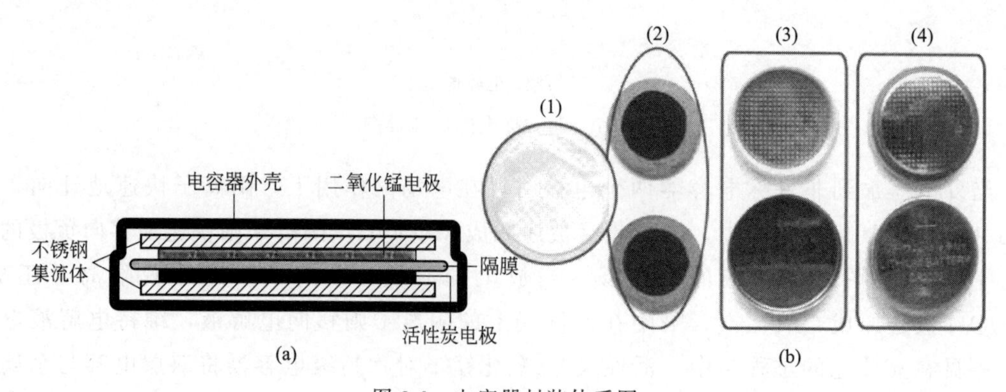

图3-9 电容器封装体系图

3. 电化学性能检测

① 使用电池测试系统对双电层电容器进行恒流直流充放电测试。电流密度为：0.1A/g，0.2A/g，0.4A/g，0.8A/g，电压范围为：0.05～1.0V。

② 用IM6电化学工作站测定双电层电容器电极的循环伏安特性（CV），扫描速率为：5mV/s，电压范围为：0～1.0V。

③ 用IM6电化学工作站测定双电层电容器交流阻抗特性（EIS），频率范围为1～10MHz，振幅为5mV。

五、实验记录与结果处理

实验结果记录见表3-1。

表3-1 实验结果记录

项目	电极片质量/g		恒流充放电			总电容/F	比电容/(F/g)	平均比电容/(F/g)
			时间(Δt)	电流(I)	电压(ΔV)			
1号电池	m_1							
	m_2							
2号电池	m_1							
	m_2							
3号电池	m_1							
	m_2							

（1）根据恒流放电曲线计算其比容量

$$C_T = \frac{I\Delta t}{\Delta V} \qquad C_S = \frac{m_1 + m_2}{m_1 m_2} C_T$$

式中，C_T 为通过放电曲线求得的放电总容量，F；I，Δt，ΔV 分别为放电电流（A）、放电时间（s）和放电电压差（V）；C_S，m_1，m_2 分别为活性物质的比容量（F/g）、极片1的质量（g）和极片2的质量（g）。

（2）根据充放电曲线计算等效串联电阻（ESR） ESR相当于电容器内部的内阻，是电容器很重要的一个指标，它是影响功率特性最直接的因素之一。对于超级电容器，由于ESR的存在，在恒流充放电测试中的放电起始时往往会出现瞬时电压降（ΔV），该 ΔV 通常用于计算电容器的内阻，可以根据下式计算：

$$\mathrm{ESR} = \frac{\Delta V}{2I} = \frac{\Delta V_c - \Delta V_d}{2I}$$

式中，V_c 是电容器的充电结束电压；V_d 是放电开始电压；ΔV 为 V_c 到 V_d 的电压降；I 是放电电流。

（3）绘出循环伏安曲线（CV），讨论其电容特性。

（4）绘出交流阻抗特性曲线，讨论其阻抗特性。

六、思考题

1. 非对称超级电容器和对称电容器在能量储存与转换方面有什么异同？

2. 不同电流密度下活性炭/二氧化锰非对称超级电容器的比容量有什么不同？原因是什么？

七、背景材料

（1）超级电容器结构与分类　超级电容器的结构类似于锂离子电池，主要由正极、负极、电解液和隔膜组成，其中电极一般包括活性材料、黏结剂、导电添加剂和集流体。按照不同的分类标准，可以分为以下三类：

① 按照电荷储能机理，可分为双电层电容器和赝电容电容器。前者依靠高比表面积的多孔碳材料和电解液离子形成双电层效应，后者通过电解液离子在电极材料表面发生法拉第反应来存储能量。一般来说，超级电容器体系总是双电层电容和赝电容两种存储机理并存的。

② 按照正负电极的构成和发生的电化学反应，可分为对称型和非对称型电容器。前者指正负电极完全相同，且发生的电化学反应也一样的电容器；后者也称为混合型电容器，指的是正负电极材料的组成不同或发生的电化学反应过程不同的电容器。

③ 按照电解液的不同可划分成水系电容器和有机系电容器。前者包括碱性 KOH、酸性 H_2SO_4 和中性 Na_2SO_4 等水溶液，后者包括 Et_4NBF_4 的乙腈溶液等有机溶液。

（2）超级电容器电极材料　在目前研究的超级电容器电极材料中，主要包括碳材料、金属氧化物和导电聚合物三类。

① 碳材料电极。在超级电容器电极材料中，研究较多且已得到商业应用的电极材料是碳材料，这类材料依靠双电层电容来存储电荷。根据双电层理论可知，碳材料的比电容随其比表面积的增大而增大。除比表面积外，碳材料的比电容还与其孔径分布、电导率和表面特性等因素有关，这些因素也将影响碳材料在制备过程中比表面积的利用率，从而获得更优性能的电极材料。

碳材料的表面化学状态也是重要影响因素之一。通过引入单种或多种杂原子（如氮、硼、氧元素）或者在碳材料表面修饰某种官能团（如羧基、羟基等）可以在充放电过程中发生法拉第反应而产生赝电容，从而提高碳材料的比容量。但引入杂质原子或官能团同时会增加材料的接触电阻或电容器的内阻，从而降低功率特性。因此为保证其大功率输出的特性，碳材料还需要保证具有一定的电导率来降低电容器内阻。要获得电化学性能优异的碳材料，必须具备比表面积大、孔径分布合理、导电性良好、与电解液浸润性好等特点。

② 金属氧化物电极。超级电容器用金属氧化物电极材料包括贵金属氧化物和普通金属氧化物。其中贵金属氧化物有 RuO_2 和 IrO_2，目前 RuO_2 已得到商业化应用，比容量可达700F/g以上且功率特性良好。但由于 RuO_2 的成本昂贵且有毒性，加上电解液具有腐蚀性，

易污染环境，许多研究机构已将重点转移到普通过渡金属氧化物上，包括 MnO_2、NiO、CoO_x、FeO_x、V_2O_5 等。

③ 导电聚合物电极。导电聚合物也是一种依靠法拉第赝电容原理来储能的电极材料，其储能机理是通过在导电聚合物的分子链上发生快速可逆的 n 型（阳离子）和 p 型（阴离子）掺杂和去掺杂的法拉第反应，使聚合物存储很高的电荷密度来获得较高的赝电容。同时导电聚合物导带和价带之间的能隙很宽，组装成电容器可获得较高的工作电压。目前得到研究的导电聚合物包括聚苯胺（PANI）、聚吡咯（PPY）、聚噻吩及其衍生物，如聚亚乙基二氧噻吩（PEDOT）、聚 3-甲基噻吩（PMeT）和聚 3-(4-氟苯基）噻吩（PFPT）以及部分新型导电聚合物，如氨基蒽醌类聚合物。

第四章 电化学沉积和电解

实验十六 45钢电镀镍

一、实验目的

1. 掌握金属表面电镀工艺。
2. 了解影响镀层质量的条件。

二、实验原理

1. 电镀镍一般原理

镍是银白色金属，硬度高，有很好的耐腐蚀性，在空气中易钝化而不被腐蚀。镍能耐强碱，与盐酸和硫酸反应较为缓慢，镍在有机酸中很稳定，在浓硝酸中处于钝化状态，但能溶于稀硝酸。

对钢铁基体来说，由于镍的标准电极电势比铁正，钝化后电势更正，镍镀层是阴极镀层。镍镀层孔隙率较高，只有当镀层厚度超过 25μm 时，才能达到无孔，所以，一般不单独作为钢铁的防护性镀层，而是作为防护装饰性镀层体系的中间层和底层。镍的硬度很高，镀镍层可提高制品表面硬度，提高表面耐磨性。

普通镀镍又叫镀暗镍，主要用于电镀某些只要求保持本色的零件，或仅考虑防腐蚀作用而不需要考虑外观装饰的零件。

阴极：$Ni^{2+} + 2e^- \longrightarrow Ni$ （主反应）

$2H^+ + 2e^- \longrightarrow H_2$ （副反应）

阳极：$Ni - 2e^- \longrightarrow Ni^{2+}$ （主反应）

$$2H_2O-4e^- \longrightarrow O_2+4H^+ \quad \text{(副反应，电流密度较高时)}$$

2. 电镀镍主要参数

(1) Ni源　$NiSO_4$（或氨基磺酸镍）是镀液的主要成分，是镍离子的来源，在暗镍镀液中，$NiSO_4$一般含量是150～300g/L。$NiSO_4$含量低，镀液分散能力好，镀层结晶细致，易抛光，但阴极电流效率和极限电流密度低，沉积速率慢；$NiSO_4$含量高，允许使用的电流密度大，沉积速率快，但镀液分散能力稍差。

(2) Cl　只有$NiSO_4$的镀液，通电后镍阳极的表面很容易钝化，影响镍阳极的正常溶解，镀液中镍离子含量迅速减少，导致镀液性能恶化。一般要在$NiSO_4$溶液中加入$NiCl_2$或NaCl，加入的Cl^-能显著改善阳极的溶解性，还能提高镀液的电导率，改善镀液的分散能力，因而氯离子是镀镍液中不可缺少的成分。

(3) H_3BO_3　在镀镍时，由于氢离子在阴极上放电，会使镀液的pH值逐渐上升，当pH值过高时，阴极表面附近的氢氧根离子会与金属离子形成氢氧化物夹杂于镀层中，使镀层外观和力学性能恶化。加入硼酸后，硼酸在水溶液中会解离出氢离子，对镀液起缓冲作用，保持镀液pH值相对稳定。

(4) 润湿剂　在电镀过程中，阴极上往往发生着析氢副反应。氢的析出，不仅降低了阴极电流效率，而且由于氢气泡在电极表面上的滞留，会使镀层出现针孔。为了防止针孔产生，应向镀液中加入少量润湿剂，如十二烷基硫酸钠。它是一种阴离子型表面活性剂，能吸附在阴极表面上，降低电极与溶液间界面的张力，从而使气泡容易离开电极表面，防止镀层产生针孔。

(5) 镍阳极　除硫酸盐型镀镍时使用不溶性阳极外，其他类型镀液均采用可溶性阳极。镍阳极种类很多，常用的有电解镍、铸造镍、含硫镍、含氧镍等。在暗镍镀液中，可用铸造镍，也可将电解镍与铸造镍搭配使用。为了防止阳极泥进入镀液，产生毛刺，一般用阳极袋屏蔽。

(6) pH值　一般情况下，暗镍镀液的pH值可控制在4.5～5.4范围内，用硼酸缓冲最好。当其他条件一定时，镀液pH值低，溶液导电性增加，阴极极限电流密度上升，阳极效率提高，但阴极效率降低。

(7) 温度　根据暗镍镀液组成的不同，镀液的操作温度可在15～60℃的范围内变化。添加导电盐的镀液可以在常温下电镀。而使用瓦特液的目的是为了加快沉积速率，因此，可采用较高的温度。

普通镍电镀的组成及操作条件如表4-1所示。

表4-1　普通镍电镀的组成及操作条件

成分及操作条件	常温镍液	瓦特镍	成分及操作条件	常温镍液	瓦特镍
$NiSO_4 \cdot 6H_2O$/(g/L)	150～250	250～320	十二烷基硫酸钠/(g/L)		0.05～0.1
NaCl/(g/L)	8～10		pH值	4.8～5.4	3.8～4.4
$NiCl_2 \cdot 6H_2O$/(g/L)		40～50	温度/℃	15～35	45～60
H_3BO_3/(g/L)	30～35	35～45	阴极电流密度/(A/dm^2)	0.8～1.5	1～3
Na_2SO_4/(g/L)	60～80		阴极移动	要	要
$MgSO_4 \cdot 7H_2O$/(g/L)	50～80		阴极阳极面积比	1∶(1～1.5)	1∶(1～1.5)

三、仪器、材料和试剂

1. 仪器

稳压稳流电源，镍板，温度计，150mL 烧杯（若干个），自制铜挂具若干，显微硬度计，吹风机，恒温水浴锅（3 孔，各个孔独立控温），pH 试纸，电子天平，游标卡尺，5 倍放大镜，硬质钢划刀，剪刀，300mL 烧杯（5 个），250mL 量筒 1 个，10mL 量筒 1 个，滴管 1 支。

2. 试剂及材料

$NiSO_4 \cdot 6H_2O$（AR 级），$NiCl_2 \cdot 6H_2O$（AR 级），H_3BO_3（AR 级），98%硫酸，NaOH，Na_2CO_3，十二烷基硫酸钠（AR 级），OP-10，蒸馏水，45 钢（0.5mm 厚）。

四、实验步骤

1. 电镀镍工艺流程

45 钢电镀镍的工艺流程如图 4-1 所示。

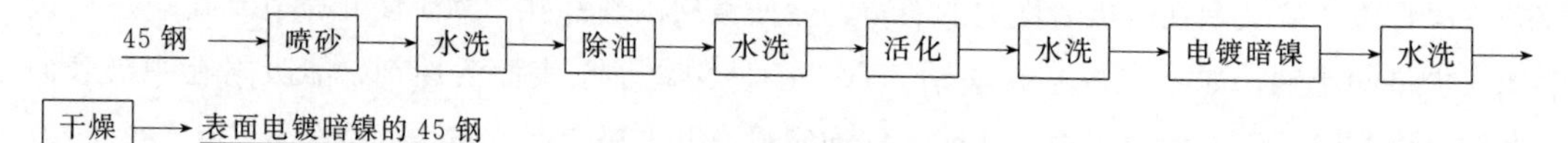

图 4-1 45 钢电镀镍工艺流程

2. 电镀镍工艺环节说明及配方

① 喷砂。喷砂的目的是除去钢件表面的锈皮、焊渣、旧漆层等。

② 除油。除油的目的是去除钢件表面残留的油污。

除油液配方：氢氧化钠 20g/L，碳酸钠 30g/L，OP-10 1mL/L，温度 60～80℃，时间 3～5min。

③ 活化。活化的目的是去除钢件表面的氧化膜，暴露出金属基体，以利于后续的电镀工序。

活化液配方：10%（体积分数）H_2SO_4，温度室温，时间 10～20s。

④ 电镀暗镍。配方及工艺条件见表 4-1。

3. 电镀操作过程

（1）溶液配制

① 除油液配制。取 300mL 烧杯，分别称量 4g NaOH、6g Na_2CO_3 加入烧杯中，再用滴管取 OP-10 在烧杯中滴 4 滴。从量筒中往烧杯倒入约 100mL 水，用玻璃棒搅拌均匀，等到所有试剂都溶解完后，往烧杯中继续加水，直到溶液体积为 200mL。将配溶液的烧杯放置到恒温水浴锅中，温度控制在 60℃，记为除油液 A。

② 活化液配制。取 300mL 烧杯，倒约 80mL 蒸馏水到烧杯中。用 10mL 量筒量取 3 次

共22mL98% H_2SO_4 缓慢倒入烧杯中，一边倒一边用玻璃棒搅拌，防止溶液溅出，最后继续往烧杯中加水，直到溶液体积为200mL。将烧杯放置到恒温水浴锅中，温度控制在30℃，记为活化液B。

③ 暗镍液配制。取300mL烧杯，分别称取50g $NiSO_4 \cdot 6H_2O$、8g $NiCl_2 \cdot 6H_2O$、7g H_3BO_3、0.02g十二烷基硫酸钠倒入烧杯，往烧杯缓慢加水，不断用玻璃棒搅拌，等到大部分试剂都溶解完后，把烧杯放置到恒温水浴锅中，温度控制在60℃，一直到溶液中没有固体状颗粒后，继续往烧杯中加水，直到烧杯中的溶液体积为200mL。用pH试纸测试溶液pH值，用NaOH溶液和稀硫酸溶液调节溶液pH值为4，记为暗镍液C。

（2）45钢片准备　用剪刀从45钢片原料中剪裁面积为20mm×40mm的测试钢片若干片。先在喷砂机中对45钢进行喷砂处理，使钢片呈亮银白色。用500#、800#砂纸对钢片进行抛光至镜面，自来水冲洗，吹风机吹干。用卡尺测量45钢片的厚度，记入表4-2；用电子天平准确称量45钢片的质量，记入表4-2；在钢片表面不同区域选取3个点，分别测试这3个点的显微硬度，记入表4-2。

（3）钢片除油　用镊子夹住已抛光好的钢片浸入除油液A烧杯中，3min后取出，自来水冲洗。

（4）钢片活化　用镊子夹住已除油的钢片浸入活化液B中，10s后取出，自来水冲洗。

（5）电镀暗镍　用自制的铜挂具夹住已活化好的钢片，与电源负极连接，放进暗镍液中固定好。另取一不锈钢片作正极，用铜挂具夹住，与电源正极连接放进暗镍液中，调节负极钢片和正极钢片的距离为2cm，调节正极、负极浸入溶液的深度为2cm并固定好正极、负极片。调节电流大小为80mA，开始电镀暗镍，30min后，关闭电源，将电镀镍钢片从镀液中取出，蒸馏水冲洗，吹风机吹干。

五、实验记录与结果处理

（1）目测镀件是否结晶细致，是否有烧焦、裂纹、起泡、脱皮、针孔、麻点、条纹、漏镀（露底）等。

（2）尺寸、质量及硬度　将干燥的镀件用电子分析天平称量，用游标卡尺测量电镀后镀件的尺寸，记入表4-2。用便携式测厚仪检测镀层的厚度，记入表4-2。用显微硬度计测量镀件3个不同区域的显微硬度，记入表4-2。

表4-2　电镀镍前后镀件尺寸、质量及硬度

项目		电镀前	电镀后	前后增量
质量/g				
镀件厚度/mm				
硬度(HV)	①			
	②			
	③			
	平均			

（3）计算电镀镍电流效率　根据45钢电镀镍前后的质量差，结合电镀镍所用的时间、施加的电流，计算电镀镍的电流效率。电流效率的计算公式如下：

$$\eta=\frac{\Delta m}{\frac{It}{zF}\times 58.7}\times 100\%$$

式中，Δm 为电镀前后 45 钢质量差，g；I 为电流强度，A；t 为电镀持续时间，s；58.7 为 Ni 的原子量；z 为电子转移数；F 为法拉第常数，96485C/mol。

(4) 镀层结合力　根据国家标准 GB/T 5270—2005，采用弯曲法、划痕法定性检验镀镍层与基体之间的结合力。

① 弯曲法。用手或钳子，分别将相同规格的电镀件、未电镀的基体金属薄片弯折成两个面呈 90°角，再急剧地弯曲到另一边，反复弯曲，直至断裂。用肉眼或放大镜观察镀层是否脱落。经反复弯曲后镀层脱落的，则认为结合力不好。

② 划痕法。分别对镀件、未电镀的基体金属，用硬质钢划刀尖在其表面上，相距 2mm 一次性划若干条深达基体金属的平行划痕。再用同样的方法，划相互垂直的相同数目的划痕，用肉眼或放大镜观察镀层是否起皮、脱落。如果划痕方格内镀层有任何部分与基体金属脱落，则认为结合力不好。

六、思考题

1. 影响电镀层结合力的因素有哪些？
2. 影响镀层光亮度的因素有哪些？
3. 影响电镀镍电流效率的因素有哪些？

七、背景材料

1. 电镀镍的历史

电镀镍已有 100 多年的历史，自 1843 年 R. 班特格尔（R. Bottger）发明镀镍以来，随着生产的发展与科学技术的进步，各种镀镍电解液不断出现和完善。1916 年 O. P. Watts 提出了著名的瓦特型镀镍电解液，从此镀镍工艺进入工业化阶段，瓦特型镀镍电解液至今仍是光亮镀镍、封闭镀镍、普通镀镍等电解液的基础。第二次世界大战以后，随着工业的迅速发展，半光亮镀镍工艺和光亮镀镍工艺发展迅速，光亮镀镍经镀铬后，其耐腐蚀性能远不如暗镀镍抛光和半光亮镀镍的好。

2. 电镀镍的种类

镀镍的类型很多。若以镀液种类来分，有硫酸盐、硫酸盐-氯化物、全氯化物、氨磺酸盐、柠檬酸盐、焦磷酸盐和氟硼性盐等镀镍。由于镍在电化学反应中的交换电流密度比较小，在单盐镀液中就有较大的电化学极化。

以镀层外观来分，有无光泽镍（暗镍）、半光亮镍、全光亮镍、缎面镍、黑镍等。

以镀层功能来分，有保护性镍、装饰性镍、耐磨性镍、电铸（低应力）镍、高应力镍、镍封等。

实验十七　45 钢化学镀镍

一、实验目的

1. 掌握化学镀工艺及原理。

2. 了解影响化学镀质量的因素。

二、实验原理

1. 化学镀基本原理

化学镀是一种在无电流通过的情况下，金属离子在同一溶液中还原剂的作用下，通过可控制的氧化还原反应在具有催化表面（催化剂一般为钯、银等贵金属离子）的镀件上还原成金属，从而在镀件表面上获得金属沉积层的过程，也称自催化镀或无电镀。化学镀最突出的优点是无论镀件多么复杂，只要溶液能深入某处，该处即可获得厚度均匀的镀层，且很容易控制镀层厚度。与电镀相比，化学镀具有镀层厚度均匀、针孔少、不需要直流电源设备、能在非导体上沉积和具有某些特殊性能等特点。

化学镀镍是利用镍盐溶液在强还原剂次磷酸钠的作用下，使镍离子还原成金属镍，同时次磷酸盐分解析出磷，因而在具有催化表面的镀件上，获得 Ni-P 合金镀层。其化学反应原理如下：

$$3NaH_2PO_2 + 3H_2O + NiSO_4 \longrightarrow 3NaH_2PO_3 + H_2SO_4 + 2H_2 + Ni$$

其反应机理如下：

$$Ni^{2+} + 2H(\text{吸附}) \longrightarrow Ni + 2H^+$$

$$2H(\text{吸附}) \longrightarrow H_2$$

$$H_2PO_2^- + H(\text{吸附}) \longrightarrow H_2O + OH^- + P$$

$$3H_2PO_2^- \longrightarrow H_2PO_3^- + H_2O + 2OH^- + 2P$$

2. 化学镀一般成分及工艺

化学镀镍的溶液包括镍离子、络合剂、缓冲剂、加速剂、还原剂、稳定剂、润湿剂、光亮剂、去应力剂以及 pH 值调整剂等。

① 镍离子。为镀层金属的来源，主要有 $NiSO_4$、$NiCl_2$、Ni（Ac）$_2$、磺酸镍。

② 络合剂。络合剂能和镍形成络合物，防止镍离子浓度过量，稳定化学镀液，阻止亚磷酸镍的沉淀，还起到缓冲 pH 的作用。主要有羟基乙酸、氨基乙酸、乳酸、羟基丁二酸、

柠檬酸、酒石酸及其盐类。

③ 缓冲剂。缓冲剂能控制溶液的 pH 值，使镀液稳定，一般为乙酸、乙酸钠、硼酸等。

④ 加速剂。加速剂能活化次磷酸盐离子，加速沉积反应的进行，一般为 1-羟基阳离子和 2-羧酸阴离子、氟化物、硼酸盐等。

⑤ 还原剂。还原剂主要包括次磷酸钠、硼氢化钠、二甲基胺硼烷、二乙基胺硼烷、联胺等。

⑥ 稳定剂。稳定剂能吸附遮蔽催化活性核心，防止镀液分解，一般用 Pb、Sn、Mo、Cd 或 Tl 离子、硫脲等。

⑦ 润湿剂。润湿剂能提高镀件表面的润湿性，一般采用离子或非离子表面活性剂。

⑧ 光亮剂。光亮剂能增强化学镀镍层的光亮度，提高装饰效果，一般可以用丁炔二醇、糖精、炔丙醇。

⑨ 去应力剂。去应力剂能去除镀层的内应力，提高镀层与基体的结合力，一般用糖精。

⑩ pH 值调整剂。pH 值调整剂能调整控制镀液的 pH 值，一般采用稀硫酸、盐酸、NaOH、乙酸、氨水等。

酸性、碱性化学镀镍一般配方工艺如表 4-3、表 4-4 所示。

表 4-3 酸性化学镀镍镀液组成及工艺条件

配方	1	2	3	4	5	6	7
硫酸镍($NiSO_4 \cdot 7H_2O$)/(g/L)	25～30	25	26		30	25	30～35
氯化镍($NiCl_2 \cdot 6H_2O$)/(g/L)				30			
次磷酸钠($NaH_2PO_2 \cdot H_2O$)/(g/L)	20～25	30	24	10	10	25	18～22
乙酸钠($NaC_2H_3O_2$)/(g/L)	15	20			10	10	12～17
硼酸(H_3BO_3)/(g/L)			10	10			
柠檬酸钠($Na_3C_6H_5O_7 \cdot 2H_2O$)/(g/L)	10			10			3～5
葡萄糖酸钠/(g/L)		30					
乳酸($C_3H_6O_3$,80%)/(mL/L)			27				
丙酸(CH_3CH_2COOH)/(g/L)			2.2				
硫酸肼/(g/L)						10	
铅离子/(μL/L)		2	2				
硫脲/(μL/L)		2					
pH 值	4.5～5	5	4.5	4～6	4～6	4～5	4.6～5
温度/℃	85～90	90	90～95	90	90	30～40	85～90
沉积速度/(μm/h)	12～15	20	20	5～10	25	10	10～15
适用基体材料	钢铁	钢铁	钢铁	钢铁	陶瓷	玻璃	钢铁

表 4-4 碱性化学镀镍镀液组成及工艺条件

配方	1	2	3	4	5
硫酸镍($NiSO_4 \cdot 7H_2O$)/(g/L)		25	30	40	20
氯化镍($NiCl_2 \cdot 6H_2O$)/(g/L)	30				
次磷酸钠($NaH_2PO_2 \cdot H_2O$)/(g/L)	10	25	20	35	30
氯化铵(NH_4Cl)/(g/L)	50				30
焦磷酸钾($K_4P_2O_7$)/(g/L)		50			
柠檬酸铵[$(NH_4)_3C_6H_5O_7$]/(g/L)			50		
氢氧化铵(NH_4OH)/(mL/L)		10～20		25	30
炔丙醇/(mL/L)				20	
柠檬酸钠($Na_3C_6H_5O_7$)/(g/L)					10
pH 值	8～9.5	10～11	8～10	9～10	9～10
温度/℃	30～40	65～75	90	40	35～45
时间/min	5～10	5～10	60		
厚度/μm	0.2～0.5	1～2.5	8		
适用基体材料	塑料	塑料	金属	金属	塑料

3. 化学镀基本预处理工艺

对于非金属基体化学镀镍，一般还要对非金属基体进行粗化、敏化和活化才能进行化学施镀。

化学镀工艺的关键在于预处理，特别对于非金属基体，预处理的目的是使镀件表面生成具有显著催化活性效果的金属离子，这样才能最终在基体表面沉积金属镀层。化学粗化的目的是利用强氧化性试剂的氧化侵蚀作用改变基体表面微观形状，使基体表面形成微孔或刻蚀沟槽，并除去表面其他杂质，提高基体表面的亲水性和形成适当的粗糙度，以增强基体和镀层金属的结合力，保证镀层有良好的附着力。有机基体采用此处理过程，无机基体因不能被粗化液腐蚀而不须此处理。敏化处理是使粗化后的有机基体（或除油后的无机基体）表面吸附一层具有还原性的二价锡离子（Sn^{2+}），以便在随后的活化处理时，将银或钯离子由金属离子还原为具有催化性能的银或钯原子。活化处理的目的是使活化液中的钯离子（Pd^{2+}）或银离子（Ag^{+}）被镀件基体表面的 Sn^{2+} 还原成金属钯或银微粒并紧附于基体表面，形成均匀催化结晶中心的贵金属层，使化学镀能自发进行。镀件基体经过胶体钯活化后，表面吸附的是以钯原子为核心的胶团，为使金属钯能起催化作用，需要将吸附在钯原子周围的二价锡胶体层去除以显露出活性钯位置，即进行解胶处理。

粗化液配方为：40g/L CrO_3，35g/L 浓 H_2SO_4，5g/L 浓 H_3PO_4（85%）。

敏化液配方为：20g/L $SnCl_2 \cdot 2H_2O$，40mL/L 浓 HCl（37%，1.18g/mL）。

活化液配方为：100g/L $SnCl_2 \cdot 2H_2O$，400mL/L 浓 HCl（37%，1.18g/mL），14g/L $Na_2SnO_3 \cdot 3H_2O$，2g/L $PdCl_2$。

解胶处理常采用体积分数 100mL/L 的盐酸在 40～45℃处理 0.5～1min，或用 20～25g/L 的乙酸钠溶液常温下处理 10min。

化学除油工艺配方：浓硫酸 256mL/L、OP-10 9.2g/L、若丁 5g/L，60℃。

三、仪器、材料和试剂

1. 仪器

电热恒温水浴锅（3 孔，独立恒温），恒温磁力搅拌器，增力电动搅拌机，300mL 烧杯（4 个），50mL 烧杯 1 个，温度计，玻璃棒，剪刀，镊子，pH 试纸，电阻炉，稳压稳流电源，显微硬度计，分析天平，游标卡尺，5 倍放大镜，硬质钢划刀。

2. 试剂及材料

$NiSO_4 \cdot 7H_2O$（AR），$NaH_2PO_2 \cdot H_2O$（AR），NaOH，98%硫酸，乙酸钠（$NaC_2H_3O_2$）（AR 级），柠檬酸钠（$Na_3C_6H_5O_7 \cdot 2H_2O$），$Na_3PO_4$，$Na_2SiO_3$，$Na_2CO_3$，OP-10，45 钢（0.5mm 厚）。

四、实验步骤

1. 45 钢化学镀镍工艺流程

45 钢化学镀镍工艺流程如图 4-2 所示。

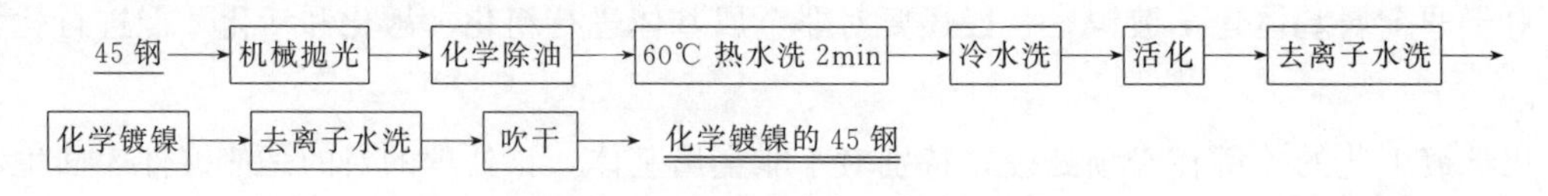

图 4-2 45 钢化学镀镍工艺流程图

2. 化学镀镍工艺环节说明及配方

① 机械抛光。去除钢件表面的氧化皮。

② 化学除油。去除钢件表面的油污。除油液配方：NaOH 40～70g/L、Na_2CO_3 20～45g/L、Na_3PO_4 10～20g/L、Na_2SiO_3 5～13g/L、OP-10 1～3g/L，温度 70～80℃，时间 3～5min。

③ 活化。进一步去除氧化层，暴露基体金属，使后续的金属易于沉积。

活化液配方 10%（体积分数）H_2SO_4，温度室温，时间 10～20s。

④ 化学镀镍。镀液配方及工艺条件见表 4-3。

3. 化学镀操作过程

（1）溶液配制

① 除油液配制。取 300mL 烧杯，分别称取 8g NaOH、4g Na_2CO_3、2g $Na_3PO_4 \cdot 12H_2O$、1g Na_2SiO_3 及 4 滴 OP-10 倒入烧杯中，用量筒量取约 100mL 蒸馏水缓慢加入，同时用玻璃棒不断搅拌，促使试剂溶解，当大部分固体颗粒溶解后把烧杯放进水浴锅，温度控

制在70℃。继续搅拌，当所有固体颗粒都溶解完后，继续往烧杯中添加水，直到溶液的体积为200mL，记为除油液A。

② 配制化学镀液注意事项。在配制镀液过程中需要注意几点：

a. 工序不可颠倒，且要连贯，工序间不宜停留太长时间；

b. 在配制过程中一定要进行搅拌；

c. 次磷酸钠溶液的加入要提前于活化步骤，最终使活化步骤完毕后立即能进行化学镀，以免测试钢片长时间暴露在空气中而发生氧化。

③ 活化液配制。取300mL烧杯，倒约80mL蒸馏水到烧杯中。用10mL量筒量取3次共22mL的98%H_2SO_4缓慢倒入烧杯中，一边倒一边用玻璃棒搅拌，防止溶液溅出，继续往烧杯中加水，直到溶液体积为200mL。将烧杯放置到恒温水浴锅中，温度控制在30℃，记为活化液B。

④ 化学镀液配制。取300mL烧杯，分别称取3g乙酸钠、2g柠檬酸钠倒入烧杯中，量取约60mL蒸馏水倒入，把烧杯放置在水浴锅中，把水浴温度升高到70℃，不断用玻璃棒搅拌，使固体颗粒溶解。另取一300mL烧杯，称取5g $NiSO_4 \cdot 7H_2O$倒入烧杯中，量取约60mL的蒸馏水倒入，玻璃棒搅拌，把烧杯放置在恒温水浴锅中，继续不断搅拌，直到固体颗粒全部溶解。将乙酸钠和柠檬酸钠混合液倒入$NiSO_4$溶液中，继续搅拌。另取一50mL烧杯，称取4g次磷酸钠倒入，量取约20mL蒸馏水倒入，玻璃棒搅拌使次磷酸钠全部溶解。

(2) 45钢片准备　用剪刀裁剪尺寸为10mm×30mm×0.5mm的45钢片2片，用喷砂机实施喷砂，使测试钢片呈亮银白色。再分别用500#、800#砂纸进行抛光至镜面，自来水冲洗，吹风机吹干。

(3) 钢片除油　用镊子夹住测试钢片，放入除油液A烧杯中，3min后取出。自来水冲洗干净。

(4) 活化　用镊子夹住已经除油的测试钢片，放入活化液B中，10s后取出，自来水冲洗干净。

(5) 化学镀镍　将50mL烧杯中的次磷酸钠溶液倒入已溶有硫酸镍、乙酸钠、柠檬酸钠的300mL烧杯中，继续添加蒸馏水，使总溶液体积为200mL。用稀硫酸和NaOH溶液调节溶液pH值为4.5。把温度控制在85℃，当化学镀液的温度达到85℃后，把测试钢片浸入化学镀液中。1h后取出，去离子水冲洗，吹风机吹干。

五、实验记录与结果处理

1. 外观

镀件干燥后，用肉眼或放大镜观察镀镍层的表面是否有针孔、麻点、起皮、起泡、剥落、斑点，通过粗糙度仪检测镀件的粗糙度，通过光泽度计检测镀件的光泽度。

2. 尺寸、质量及硬度

将干燥的镀件用分析天平称量，用游标卡尺测量电镀后镀件的尺寸。用显微硬度计测量镀件 3 个不同区域的显微硬度，分别记入表 4-5。

表 4-5 化学镀件施镀前后镀件尺寸、厚度及质量

项目		化学镀前	化学镀后	增量
镀件尺寸/mm	长			
	宽			
	厚			
镀件质量/g				
硬度(HV)	①			
	②			
	③			
	平均			

3. 镀层结合力

(1) 热震试验　根据国家标准 GB/T 5270—2005，采用热震试验法来检测镀层与基体的结合力。将镀件先加热到一定温度，然后骤冷来检测镀层的结合力，其原理是镀层与基体金属之间膨胀系数不同。当镀层与基体金属之间热膨胀系数存在明显差别时，可以采用此方法。

试验过程：将镀件放置在电炉中，按照表 4-6 所规定的温度，温度误差为±10℃，某些易氧化的金属应在惰性气氛中加热，也可在适当的液体加热。

表 4-6 热震试验温度

覆盖层金属 / 基体金属	铬,镍,镍+铬,铜,锡-镍	锡
钢	300℃	150℃
锌合金	150℃	150℃
铜及铜合金	250℃	150℃
铝及铝合金	220℃	150℃

加热后，将镀件放到室温中骤冷，镀层不应出现起泡、片状脱落等与基体分离的现象。

(2) 阴极试验　将镀件在溶液中作为阴极，在阴极上仅有氢气析出。由于氢气通过一定覆盖层进行扩散时，在镀层与基体金属之间的任何不连续处积累产生压力，致使镀层发生鼓泡。在 5% NaOH（密度 1.054g/mL）溶液中，以 $10A/dm^2$ 电流密度、90℃处理镀件 2min，在镀层中结合力强度差的点便形成小的鼓泡。如果经过 15min 后，镀层仍无鼓泡发生，则可以认为，镀层结合力强度良好。

六、思考题

1. 化学镀的原理是什么？
2. 影响化学镀的因素有哪些？
3. 影响化学镀液稳定的因素有哪些？

七、背景资料

1. 化学镀的历史

化学镀的发展史主要就是化学镀镍的发展史。虽然早在 1844 年 A. Wurtz 就发现次磷酸盐在水溶液中还原出金属镍，但化学镀镍技术的奠基人是美国国家标准局的 A. Brenner 和 G. Ridell。他们在 1947 年提出了沉积非粉末状镍的方法，弄清楚了形成涂层的催化特性，使化学镀镍技术工业应用有了可能性。所以，化学镀镍技术的历史还很短暂，真正大规模工业化还是 20 世纪 70 年代末期的事。化学镀镍的最早工业应用是第二次世界大战后在美国通用运输公司（GATC）。他们在系统研究该技术后于 1955 年建立了第一条生产线。20 世纪 70 年代又发展出仍以次磷酸钠还原剂的 Durnicoat 工艺、用硼氢化钠作还原剂 Ni-B 层的 Nibodur 工艺，以后又出现了用肼作还原剂的化学镀镍方法。

美国电化学学会秋季年会（暨美国固体电路制造学会年会），于 1989 年开始建立化学镀学术研究报告专集，由此可见化学镀学术研究的普遍性。

由于电子计算机、通信等高科技产业的迅猛发展，为化学镀技术提供了巨大的市场。20 世纪 80 年代是化学镀技术的研究、开发和应用飞跃发展时期，西方工业化国家化学镀镍的应用，在与其他表面处理技术激烈竞争的形势下，年净增长速率曾达 15%，这是金属沉积史上空前的发展速度。预期化学镀技术将会持续高速发展，平均年净增长速率维持在 6%，而进入发展成熟期。

目前在国外，特别是美国、日本、德国化学镀镍已经成为十分成熟的高新技术，在各个工业部门得到了广泛的应用。

2. 化学镀镍的应用

铝或钢材料这类非贵金属基底可以用化学镀镍技术防护，并可避免用难以加工的不锈钢来提高它们的表面性质。比较软的、不耐磨的基底可以用化学镀镍赋予坚硬耐磨的表面。在许多情况下，用化学镀镍代替镀硬铬有许多优点，特别对内部镀层和镀复杂形状的零件，以及硬铬层需要镀后机械加工的情况。一些基底使用化学镀镍可使之容易钎焊或改善它们的表面性质。

化学镀镍由于化学镀镍层具有优良的均匀性、硬度、耐磨和耐蚀等综合物理化学性能，该项技术在国外已经得到广泛应用。化学镀镍在各个工业中应用的比例大致如下：航空航天工业 9%；汽车工业 5%；电子计算机工业 15%；食品工业 5%；机械工业 15%；核工业 2%；石油化工 10%；塑料工业 5%；电力输送 3%；印刷工业 3%；阀门制造业 17%；其他 11%。

非导体可以用化学镀镍镀一种或几种金属，在装饰和功能（例如电磁干扰屏蔽）两方面都重要。在许多场合下，许多工程塑料已被考虑作为金属的代用品，其中有些具有良好的耐高温性能。所有这些塑料都比金属轻，而且更耐腐蚀，其中包括聚碳酸酯、聚芳基酮醚、聚醚酰亚胺树脂等。需要导电性或电屏蔽的场合，塑料需要金属化，可用化学镀镍达到这个目的。

实验十八 | 铝材硫酸阳极氧化

一、实验目的

1. 掌握铝的阳极氧化的基本原理，了解阳极氧化、封孔的一般工艺历程。
2. 了解和探讨铝在阳极氧化过程中，影响氧化铝膜厚度的各种因素。

二、实验原理

在空气中铝表面形成一层氧化膜。这层氧化膜能保护金属内部，使它免受大气及一般化学品的侵蚀。但自然生成的膜很薄、抗腐蚀能力不强；而且所形成的无晶型氧化铝是多孔性的，容易沾染污渍。为了更好地抵抗侵蚀，并保持金属表面的光洁，铝件表面需要较厚的、晶型的氧化膜。可以用阳极氧化的方法在表面得到一层较厚的、抗氧化腐蚀能力更强的氧化膜。

用电化学方法在铝表面生成较致密的氧化膜的过程，称为铝的阳极氧化。阳极氧化所形成的氧化膜具有较高的硬度和抗蚀性能，它既可作为电的绝缘层，又可用作油漆的底层。新鲜的氧化膜能吸附多种有机染料和无机染料从而形成彩色膜，它既防腐又美观，常作为防护-装饰层。

硫酸阳极氧化法比其他阳极氧化法在经济性、氧化膜的透明性、多孔性、耐蚀性及耐磨性方面均占有优势，所以在现代工业中获得了广泛的应用。

在酸性条件下，铝在外加电流作用下失电子，成为铝离子，经水解形成 $Al(OH)_3$，其反应式为：

$$Al \longrightarrow Al^{3+} + 3e^-$$

$$Al^{3+} + 3H_2O \longrightarrow Al(OH)_3 + 3H^+$$

随着电解的进行，$Al(OH)_3$ 在阳极附近很快达到饱和，并在阳极表面形成致密的 $Al(OH)_3$ 薄膜。由于电解液对膜的溶解，致使膜具有较多的孔隙。$Al(OH)_3$ 膜本身是介电质，电流只能经孔隙通过，并伴随有大量的热量放出，导致 $Al(OH)_3$ 脱水，形成 Al_2O_3 薄膜。阳极氧化法形成的 Al_2O_3 膜有较高的吸附性，当腐蚀介质进入孔隙时，将会引起孔隙腐蚀。因此，在实际生产中，氧化后不论染色与否，通常都要对氧化膜进行封闭处理。经封闭处理后氧化膜的抗蚀能力可提高 15～20 倍。封闭的原理是利用 Al_2O_3 的水化作用，即：

$$Al_2O_3 + H_2O \longrightarrow Al_2O_3 \cdot H_2O$$

Al_2O_3 氧化膜水化为 $Al_2O_3 \cdot H_2O$ 时，其体积增加 33%，水化为 $Al_2O_3 \cdot 3H_2O$ 时，体积几乎增加 100%，因此，经封闭处理后氧化膜的小孔得到封闭，其抗蚀性有了明显的提高。

三、仪器、材料和试剂

1. 仪器设备

稳压稳流电源，PVC 阳极氧化槽，不锈钢阴极板（20mm ×40mm ×5mm），温度计，万用表，氧化膜测厚仪，烧杯（150mL，若干个）。

2. 试剂

重铬酸钾（CR 级），氢氧化钠（CR 级），氯化钠（CR 级），硝酸，硫酸（AR 级），氯化铵（AR 级），二苯碳酰二肼（AR 级），高锰酸钾（AR 级），工业洗涤剂，丙酮，硫酸，去离子水。

四、实验步骤

1. 阳极氧化工艺流程

铝材阳极氧化流程见图 4-3。

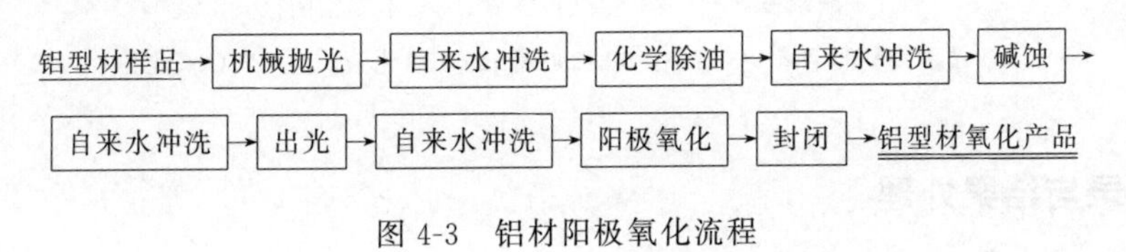

图 4-3 铝材阳极氧化流程

① 化学除油工艺配方：NaOH30～50g/L、工业洗涤剂 0.5～1ml/L，温度 50～60℃，时间 1～2min。

② 碱蚀工艺配方：NaOH40～50g/L，温度 40～45℃，时间 3min。

③ 出光液配方：$H_2SO_4$200g/L、$HNO_3$50g/L，温度 15～30℃。

④ 阳极氧化工艺配方：$H_2SO_4$150～200g/L，温度 15～25℃，电流密度 1.0～1.5A/dm^2，直流电压 12～22V，时间 15min

⑤ 封闭工艺配方：蒸馏水（调 pH=6），温度沸腾，时间 10～30min。

2. 槽液的配制

①根据氧化槽的容量计算好硫酸用量；②向槽内添加 3/4 规定容量的去离子水，在搅拌的条件下缓慢加入硫酸；③待槽内溶液冷却至室温后再补充水至规定容量。

3. 阳极氧化及封孔

① 按图 4-4 接好线路。

② 取 2 块铝试片，计算面积（或计算两面浸入的面积），分别挂入阳极，必须夹紧，按照阳极氧化工艺配方设定电流和氧化时间，记录槽温和槽电压的变化。第一块 10min 取出，

第二块 15min 取出。

③ 氧化后的铝片放入蒸馏水冲洗（不要用手摸试片），随即在煮沸的蒸馏水中封闭 10～30min。

④ 取出用冷风吹干。

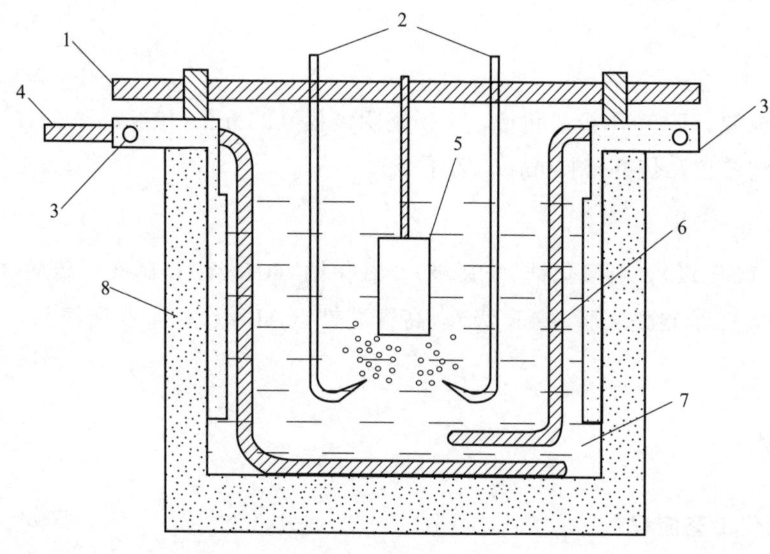

图 4-4 阳极氧化槽

1—铜阳极导杆；2—空气搅拌管；3—不锈钢阴极；
4—循环冷却水管；5—铝件；6—加热管；7—氧化液；8—PVC 氧化槽

五、实验记录与结果处理

(1) 记录阳极氧化历程中槽温和槽电压随氧化时间的变化，绘制槽电压 - 氧化时间的关系曲线。

(2) 用氧化膜测厚仪测量出不同氧化时间下氧化膜的厚度，填入表 4-7。

表 4-7 不同氧化时间的膜厚

项目	氧化时间/min	
	10	15
厚度/μm		

(3) 氧化膜厚度测量

① 计算试样的氧化膜面积，称量试样的质量（精确至 0.1mg）。

② 将试样置于 100℃的磷酸-铬酸溶液（H_2CrO_4 20g/L，H_3PO_4 60g/L）中浸泡 10min 后取出，用蒸馏水洗净、干燥，再称量质量。

③ 依此方法重复浸泡和称量，直至再没有质量损失为止。

计算

$$表面密度\ \rho_A=\frac{m_1-m_2}{A}$$

式中，ρ_A 为表面密度，g/mm^2；m_1，m_2 为氧化膜溶解前后试样的质量，g；A 为试样待检的氧化膜表面积，mm^2。

$$氧化膜的平均厚度: d=\frac{\rho_A}{\rho}\times 10^6$$

式中，d 为氧化膜平均厚度，μm；ρ_A 为表面密度，g/mm^2；ρ 为氧化膜密度，g/cm^3。

纯铝及不含铜的铝合金在 20℃的硫酸溶液中，直流氧化生成的薄氧化膜，封孔后的氧化膜密度约为 $2.6g/cm^3$，未封孔的氧化膜密度约为 $2.4g/cm^3$。将化学法测得的厚度与仪器直接测量的厚度进行对比。

(4) 记录氧化时间和阳极氧化膜耐腐蚀性能　在 35℃的恒温箱中，在氧化和未氧化的铝件上滴 2～3 滴 NaOH(100g/L) 溶液，将观察到氧化膜冒气泡的时间（点滴实验所需时间）填入表 4-8。

表 4-8　氧化膜的耐腐蚀性能

腐蚀部位	是否有气泡		冒泡所需时间/s	
	铝片 1	铝片 2	铝片 1	铝片 2
氧化部分				
未氧化部分				

六、思考题

1. 影响电流效率的因素有哪些？
2. 电解过程槽电压怎样波动？为什么？
3. 铝阳极氧化膜分为哪两层？

七、背景材料

1. 铝型材

(1) 铝型材定义　工业铝型材（aluminium profile system），别名工业铝合金型材。工业铝型材是一种以铝为主要成分的合金材料，铝棒通过热熔、挤压从而得到不同截面形状的铝材料，但添加的合金的比例不同，生产出来的工业铝型材的力学性能和应用领域也不同。工业铝型材执行标准按 GB/T 5237.1—2004。一般来讲，工业铝型材是指除建筑门窗、幕墙、室内外装饰及建筑结构用铝型材以外的所有工业铝型材。

(2) 工业铝型材的特点　一般来说，铝型材有如下特点：

① 抗腐蚀性。铝型材的密度只有 $2.7g/cm^3$，约为钢、铜或黄铜的密度（分别为 $7.83g/cm^3$，$8.93g/cm^3$）的 1/3。在大多数环境条件下，包括在空气、水（或盐水）、石油化学和很多化学体系中，铝能显示优良的抗腐蚀性。

② 电导率。铝型材由于它的优良电导率而常被选用。在质量相等的基础上，铝的电导率近于铜的两倍。

③ 热导量率。铝合金的热导量率大约是铜的50%～60%，这对制造热交换器、蒸发器、加热电器、炊事用具，以及汽车的缸盖与散热器皆有利。

④ 非铁磁性。铝型材是非铁磁性的，这对电气工业和电子工业而言是一种重要特性。铝型材是不能自燃的，这对涉及装卸或接触易燃易爆材料的应用来说是重要的。

⑤ 可机加工性。铝型材的可机加工性是优良的。在各种变形铝合金和铸造铝合金中，以及在这些合金产出后具有的各种状态中，机加工特性的变化相当大，这就需要特殊的机床或技术。

⑥ 可成形性。特定的拉伸强度、屈服强度、可延展性和相应的加工硬化率支配着允许变形量的变化。

工业铝型材表面经过氧化后，外观非常漂亮，且耐脏，一旦涂上油污非常容易清洗，组装成产品时，工业铝型材根据不同的承重采用不同规格的型材，并采用配套铝型材配件，不需要焊接，较环保，轻巧便于携带，而且安装、拆卸、搬移极为方便。

(3) 铝型材的分类　按用途可分为：建筑铝型材（分为门窗和幕墙两种）、散热器铝型材、一般工业铝型材、轨道车辆结构铝合金型材、装裱铝型材。按合金成分可分为1024、2011、6063、6061、6082、7075等合金牌号铝型材，其中6系的最为常见。不同的牌号区别在于各种金属成分的配比是不一样的，除了常用的门窗铝型材如60系列、70系列、80系列、90系列和幕墙系列等建筑铝型材之外，工业铝型材没有明确的型号区分，大多数生产厂都是按照客户的实际图纸加工的。按表面处理可分为：阳极氧化铝型材、电泳涂装铝型材、粉末喷涂铝型材、木纹转印铝型材、氟碳喷涂铝型材、抛光铝型材。

2. 铝阳极氧化膜

铝的表面技术中阳极氧化是应用最广与最成功的技术，也是研究和开发最深入与最全面的技术。铝的阳极氧化膜具有一系列优越的性能，可以满足多种多样的需求，因此被誉为铝的一种万能的表面保护膜。

铝阳极氧化膜的特点：

① 耐蚀性。铝阳极氧化膜可以有效保护铝基体不受腐蚀，阳极氧化膜显然比自然形成的氧化膜性能更好，膜厚和封孔质量直接影响使用性能。

② 硬度和耐磨性。铝阳极氧化膜的硬度比铝基体高得多，基体的硬度为100HV，普通阳极氧化膜的硬度约300HV，而硬度氧化膜可达到500HV。耐磨性与硬度的关系是一致的。

③ 装饰性。铝阳极氧化膜可保护抛光表面的金属光泽，阳极氧化膜还可以染色和着色，获得和保持丰富多彩的外观。

④ 有机涂层和电镀层附着性。铝阳极氧化膜是铝表面接受有机涂层和电镀层的一种方法，它有效地提高表面层的附着力和耐蚀性。

⑤ 电绝缘性。铝是良导体，铝阳极氧化膜是高电阻的绝缘膜。绝缘击穿电压大于30V/mm，特殊制备的高绝缘膜甚至达到大约200V/mm。

⑥ 透明性。铝阳极氧化膜本身透明度很高，铝的纯度愈高，则透明度愈高。铝合金材料的纯度和合金成分都对透明性有影响。

⑦ 功能性。利用阳极氧化膜的多孔性，在微孔中沉积功能性微粒，可以得到各种功能性材料。正在开发中的功能部件有电磁功能、催化功能、传感功能和分离功能等。

3. 微弧氧化

微弧氧化 MAO(micro arc oxidation) 技术是近年来发展起来的一种表面改性技术，主要用于在铝基材料表面形成陶瓷层，这类膜层的厚度与硬度都要高于传统的阳极氧化技术所获得的膜层特性，因此受到工程科学界的广泛关注。早在 20 世纪 30 年代，奔驰（Betz）公司就首次报道了浸没在液体中的有色金属在高电场作用下，会出现火花放电现象。这就是微弧氧化技术的萌芽，它又被称为等离子体电解氧化 PEO(plasma electrolytic oxidation)、等离子微弧氧化 PMAO(plasma micro arc oxidation) 技术或简称为微弧氧化。目前，除了这两个最常用的名称以外，人们还给它冠以多个不同的名称：阳极火花沉积 ASD(anodic spark deposition)、阳极火花工艺 SAP(spark anodization process) 等等。不过，它们的基本原理是一致的。

微弧氧化是现阶段阳极氧化方法发展的新方向。微弧氧化是在普通阳极氧化的基础上，通过高压放电作用，使材料微孔中产生火花放电斑点，并且在热化学、电化学和等离子化学的共同作用下，在材料表面生成硬质陶瓷层。换句话说，就是利用弧光放电增强及激活在阳极上发生的反应并发生烧结，从而形成优质的强化陶瓷膜。众所周知，弧光放电时会产生瞬时的高温高压作用（瞬间温度可达 8000℃），而且电极间的介质被击穿形成等离子体（即所谓的物质第四态，其中有等量的自由电子和离子），这就是它被称为“微等离子体氧化”的缘故。普通阳极氧化处于法拉第区，电压较低，所得膜层呈多孔结构；微弧氧化处于火花放电区，电压较高，膜层更加致密，而且孔隙的相对面积较小、膜层厚度更大。铝合金的表面阳极氧化一般是在酸性溶液中进行的，且成膜速率较低。而微弧氧化则使用弱碱性电解液，工件表面清洗处理简单，所以是国际公认的绿色环保型表面技术。

实验十九 金属钛熔盐电解渗硼

一、实验目的

1. 掌握高温熔盐操作技术。

2. 了解影响金属钛渗硼硬度的因素。

二、实验原理

金属钛具有高的强度比、较高的耐腐蚀性能，被广泛应用于航空、化工、石油、医药、国防及民用建筑等领域。然而，金属钛表面的硬度及耐磨性能较低，这制约了金属钛更广泛的应用。金属钛的表面渗硼可以在不影响其本体性能的同时显著地提高其抗咬合能力和抗磨性能。金属钛的硼化物主要为 TiB_2 和 TiB，它们都具有较高的硬度、较高的熔点以及较高的弹性模量。因而，通过渗硼的方式在金属钛表面生成 TiB_2 和 TiB 可以有效地提高其硬度和耐磨性能。

渗硼是金属表面化学热处理的一种。对金属表面进行渗硼可以大幅度提高被渗金属表面硬度，增加其耐磨性能。渗硼可分为气体渗硼、液体渗硼和固体渗硼等。电解渗硼属于液体渗硼的一种，它以石墨或不锈钢为阳极，工件为阴极，在熔盐中，在一定的电压和电流密度下，熔盐中的 Na^+ 在阴极放电，生成具有活性的 Na 原子，Na 原子与工件表面的氧化硼发生置换反应，被置换出来的 B 原子吸附在工件的表面并向工件内部扩散，与基体金属反应，生成不同硼量的硼化物，其中外部为硼含量比较高的高硼相硼化物，内部生成硼含量比较低的低硼相硼化物。如工件为金属钛时，生成 TiB_2 和 TiB。

以熔融硼砂为介质和渗硼剂时，电解渗硼的原理如下：

$$Na_2B_4O_7 \xrightarrow{\text{分解}} Na_2O + 2B_2O_3$$

$$Na_2B_4O_7 \xrightarrow{\text{电离}} 2Na^+ + B_4O_7^{2-}$$

$$Na^+ + e^- \longrightarrow Na\text{(新生钠原子)(阴极反应)}$$

$$6Na + B_2O_3 \longrightarrow 3Na_2O + 2B\text{(新生硼原子)}$$

$$B_4O_7^{2-} - 2e^- \longrightarrow B_4O_7\text{(阳极反应)}$$

$$2B_4O_7 \xrightarrow{\text{分解}} 4B_2O_3 + O_2$$

$$B\text{(活性硼)} + Ti \longrightarrow TiB$$

$$B\text{(活性硼)} + TiB \longrightarrow TiB_2$$

三、仪器、材料和试剂

1. 仪器

高温坩埚电阻炉，温控仪，行星球磨机，石墨坩埚，刚玉坩埚，石墨块阳极，金属钛阳极，金相试样抛光机，烧杯（50mL）若干，导电用导杆（自制），砂纸（150 目、600 目、800 目），绒布，电子天平，游标卡尺，MHV-1000 显微硬度计，FEI Quanta200 FEG 场发射扫描电镜，K 型热电偶，恒电流仪，研钵。

2. 试剂和材料

无水硼砂（AR），Na_2CO_3（AR 级），HF 酸（AR 级），无水乙醇（AR），HNO_3（AR），蒸馏水，高纯氩气。渗硼用工件 45 钢、工业纯钛片。所有渗硼剂在使用前经过 24h 的 180℃真空干燥。

四、实验步骤

以石墨块作为电解渗硼的阳极，以金属钛作为电解渗硼的阴极。用分析天平称取 300g 的无水硼砂、Na_2CO_3（质量比为 7∶3）在研钵上混匀。将混匀的渗硼剂装在石墨坩埚中。将带有勾的导杆勾住处理过的金属样品装入已用乙醇擦拭干净并干燥的刚玉坩埚中，然后将混合好的渗硼剂装入刚玉坩埚中并掩埋住试样，同时将渗硼剂振实。再将整个刚玉坩埚套入石墨坩埚中，石墨坩埚的盖子旋紧好。石墨坩埚又放到坩埚电阻炉中，通氩气，实验装置如图 4-5 所示。

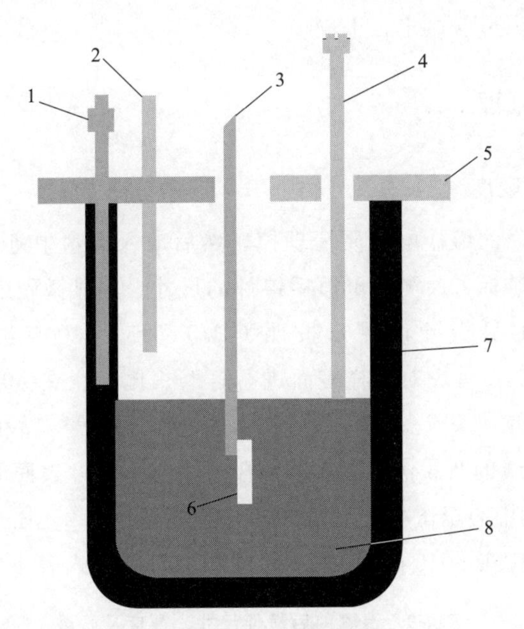

图 4-5 金属钛熔盐电解渗硼示意图

1—阳极导杆；2—惰性气氛管；3—阴极导杆；4—K 型热电偶；
5—刚玉盖板；6—钛片；7—石墨坩埚；8—熔盐

按照图 4-6 升温制度进行升温。

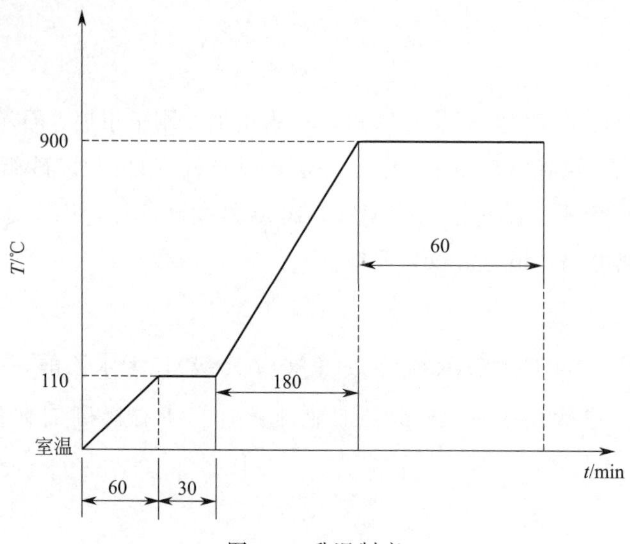

图 4-6 升温制度

当炉子的温度升到所需要的电解温度，如 900℃后，按照金属样品的表面积，根据电解渗硼的电流密度（0.1～0.5A/cm²）来调节电源的电流强度。根据实际需要电解所需要的时间，然后提起导杆，使金属样品从熔盐中提起。继续通氩气，断开电解电源，随后使电阻炉自然降温。等到炉温降到 150℃左右后，停止通入氩气。当炉温降低到室温后，取出坩埚，将金属渗硼样品从导杆上拆下。剔除样品表面的固体熔盐电解质，将表面已经清除完固体电解质的金属渗硼样品放入沸水中煮，其间不断用镊子剔除沾覆在上面的少量电解质，尽量把金属渗硼样品清洗干净。最后取出，干燥。

五、实验记录与结果处理

1. 样品外观及显微硬度

把渗硼后的试样表面的熔盐电解质清理掉，然后放入沸水中煮 0.5h。干燥后的样品用电子分析天平称量，用游标卡尺测量电镀后镀件的尺寸。用显微硬度计测量镀件 3 个不同区域的显微硬度。样品的显微硬度测定按照 GB/T 9450—2005 进行，加载的试验力为 0.245N，保持时间为 15s。首先对试样表面进行打磨、抛光。在宽度（*W*）为 1.5mm 范围内，在与试样表面垂直的一条或多条的平行线上测定维氏硬度。每相邻压痕中心之间的距离（S）应不小于压痕对角线的 2.5 倍。逐次相邻压痕中心至试样表面的距离差值（即 a_2-a_1）不应超过 0.1mm。压痕中心至试样表面的距离精度应在 ±0.25 μm 的范围内，而每个硬度压痕对角线的测量精度应在 ±0.5 μm 以内。记录结果分别记入表 4-9。

表 4-9 渗硼前后镀件尺寸、厚度及质量

项目	渗硼前	渗硼后
质量/g		

续表

项目		渗硼前	渗硼后
镀件尺寸/mm	长 宽 厚		
镀件质量/g 镀层厚度/μm			
硬度(HV)	① ② ③ 平均		

2. 渗硼样品的显微形貌和结构

通过对样品表面进行切割、电化学抛光后，通过扫描电子显微镜观察梯度层状材料的形貌。通过 X 射线粉末衍射仪测定材料表层的物相结构。

六、思考题

1. 渗硼和渗其他元素相比有什么特点？
2. 在金属钛表面渗硼形成的硼化物在金属钛表面的分布有什么规律？
3. 影响渗硼效果的因素有哪些？

七、背景材料

1. 钛的基础知识

钛被认为是一种稀有金属，这是由于其在自然界中存在分散并难以提取。但其相对丰度在所有元素中居第十位。钛能与铁、铝、钒或钼等其他元素熔成合金，造出高强度的轻合金，在各方面有着广泛的应用，包括宇宙航行（喷气发动机、导弹及航天器）、军事、工业程序（化工与石油制品、海水淡化及造纸）、汽车、农产食品、医学（义肢、骨科移植及牙科器械与填充物）、运动用品、珠宝及手机等等。

钛最有用的两个特性是抗腐蚀性及金属中最高的强度-质量比。在金属元素中，钛的比强度很高。它是一种高强度但低质量的金属，而且具有相当好的延展性（尤其是在无氧的环境下）。钛的表面呈银白色金属光泽。它的熔点相当高（超过 1649℃），所以是良好的耐火金属材料。它具有顺磁性，其电导率及热导率皆甚低。商业等级的钛（纯度为 99.2%）具有约为 434MPa 的极限抗拉强度，与低等级的钢合金相当，但比钢合金要轻 45%。钛的密度比铝高 60%，但强度是常见的 6061-T6 铝合金的两倍。钛可被用于各种用途。某些钛合金的抗拉强度达 1400 MPa。然而，当钛被加热至 430℃以上时，强度会减弱。

尽管比不上高等级的热处理钢，钛仍具有相当的硬度。钛不具磁性，同时是不良的导热及导电体。用机械处理时需要注意，如不采用锋利的器具及适当的冷却手法，钛会软化，并留有压痕。像钢结构体一样，钛结构体也有疲劳极限，因此在某些应用上可保证持久耐用。钛合金的比劲度一般不如铝合金及碳纤维等其他物料，所以较少应用于需要高刚度的结构上。

2. 金属表面化学热处理

表面化学热处理是将工件置于特定的介质中加热和保温，使一种或几种元素渗入工件表面，以改变表层的化学成分和组织，从而获得所需性能的热处理工艺。化学热处理的目的是提高金属表面的硬度、耐磨性和抗腐蚀性，而金属的内部仍保持原有性能。常见的化学热处理有渗碳、渗氮、渗硼、渗铝、渗铬及几种元素共渗。

渗金属技术的发明应用始自19世纪末，至今已有一百多年的历史。20世纪20年代以后应用日益广泛，工艺技术不断改进发展，所用方法有粉末法、气体法，到20世纪50年代后有料浆法，但这些方法都要用卤化物作活化剂。工艺过程中分解挥发的卤化物气体对环境的污染是一个严重的问题。20世纪60年代以后，真空蒸发沉积技术应用日益广泛，20世纪70年代以来，各种物理沉积技术迅速发展。因此，20世纪60、70年代有了真空蒸镀渗铝（两步法）并获得应用，20世纪80、90年代阴极电弧沉积渗金属和阴极溅射沉积渗金属工艺（一步法）和专用设备相继出现，不仅彻底消除了污染，而且使单元的或多元的渗金属更加容易和方便。

实验二十　304 不锈钢电解抛光

一、实验目的

1. 掌握金属抛光的基本原理，了解不锈钢金属抛光一般工艺流程。

2. 了解和探讨影响不锈钢抛光的各种因素。

二、实验原理

抛光是指利用机械、化学或电化学的作用，使工件表面粗糙度降低，以获得光亮、平整表面的加工方法，是利用抛光工具和磨料颗粒或其他抛光介质对工件表面进行的修饰加工。

电化学抛光也称电解抛光。电解抛光是以被抛工件为阳极，不溶性金属为阴极，两极同时浸入到电解槽中，通以直流电而产生有选择性的阳极溶解，从而使工件表面光亮度增大，达到镜面效果。

按照电解抛光的薄膜理论，电解抛光时，靠近试样阳极表面的电解液，在试样上随着表面的凸凹不平形成了一层薄厚不均匀的黏性薄膜。由于电解液的搅拌流动，在靠近试样表面凸起的地方，如图 4-7 中 A、B、C 点，扩散流动得快，因而形成的膜较薄；而靠近试样表面凹陷的地方，如图 4-7 中的 D、E 点，扩散流动得较慢，因而形成的膜较厚。试样之所以能够抛光与这层厚薄不均匀的薄膜密切相关。膜的电阻很大，所以膜很薄的地方，电流密度很大，膜很厚的地方，电流密度很小。试样磨面上各处的电流密度相差很多，凸起顶峰的地

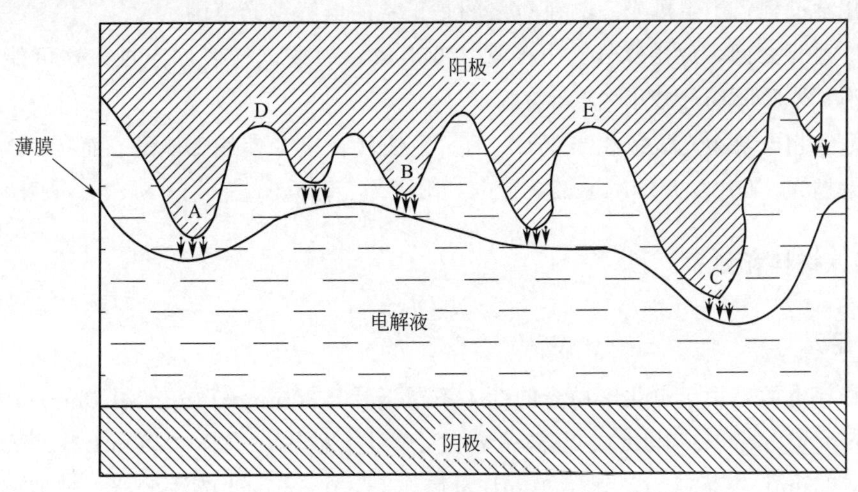

图 4-7　电解抛光薄膜理论示意图

方电流密度最大，金属迅速地溶解于电解液中，而凹陷部分溶解较慢。

电解抛光时要得到并保持这样一层有利于抛光的薄膜，需要各方面配合。薄膜的形成除了与抛光材料的性质和所用的电解液有关外，主要决定于抛光所加的电压与所通过的电流密度，根据抛光时的电压-电流曲线，可以确定合适的电解抛光规范。

金属的电解抛光过程和金属的活化-钝化过程类似，一般的电压-电流密度曲线如图 4-8 所示。

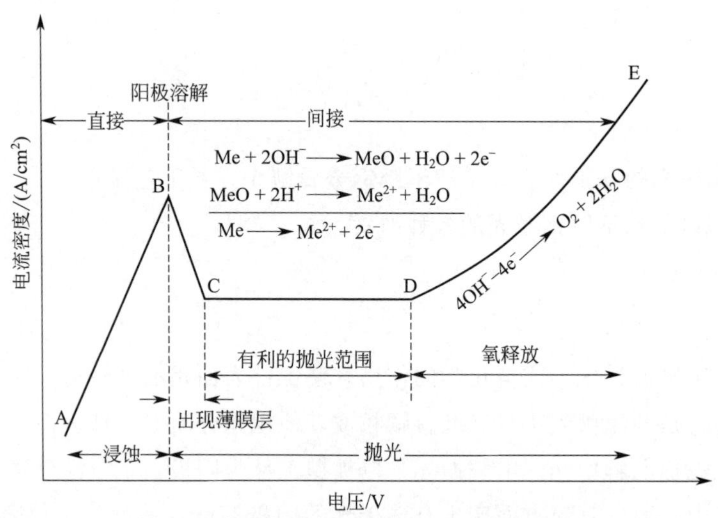

图 4-8 典型的电解抛光电压-电流密度曲线

整个过程可分为四个阶段：

(1) A 到 B 之间，电流密度随电压的增加而上升，电压比较低，不足以形成一层稳定的薄膜；即使一旦形成也就很快地溶入电解溶液中，不能电解抛光，只有电解浸蚀现象，电解浸蚀就是利用此进行。

(2) B 到 C 之间，试样表面形成一层反应产物的薄膜，电压升高，电流密度下降。

(3) C 到 D 之间，电压升高，薄膜变厚，相应的电阻增加，电流密度保持不变。由于扩散和电化学过程，产生抛光。C 到 D 之间是正常的电解抛光范围。

(4) D 到 E 之间，放出氧气，由于氧气的形成，导致试样表面点蚀。这可能是由于表面吸附气泡，使膜厚局部减小而产生的。

大多数金相电解抛光规范相当于 CD 的水平线段，很少使用 DE 段。而且 CD 段愈宽愈有利于电解抛光。DE 段大多用于工业生产（阳极光亮法）。

三、仪器、材料和试剂

1. 仪器

稳压稳流电源，用于电化学抛光的 304 不锈钢片（30mm ×10mm ×0.5mm），不锈钢阴极片（30mm ×10mm ×0.5mm），电极夹子，温度计，秒表，烧杯（250mL，5 个），100mL 烧杯 1 个，100mL 容量瓶（2 个），10mL 量筒 1 个，0.5mL 玻璃注射器，玻璃棒 1 根，滴管 1 根，喷砂机，金相砂纸，镊子，滤纸。

2. 试剂和材料

Na_2CO_3，Na_3PO_4，NaOH(CR级)，Na_2SiO_3，85%H_3PO_4，69%HNO_3，浓H_2SO_4(98%)，浓HCl(36%)，丙三醇，糖精（CR级），$K_2Cr_2O_7$(CR级)，$K_3[Fe(CN)_6]$，蒸馏水，pH试纸。

四、实验步骤

1. 不锈钢电化学抛光工艺流程

不锈钢电化学抛光工艺流程示意图如图4-9所示。

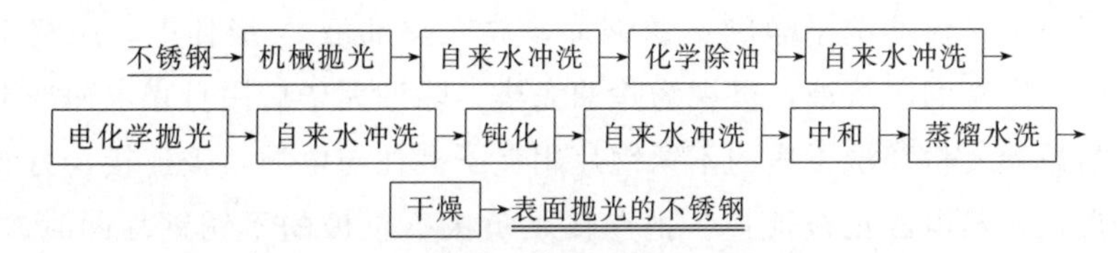

图4-9 不锈钢电化学抛光工艺流程图

2. 不锈钢电化学抛光主要工艺环节说明和配方

① 机械抛光。机械抛光的目的是清除不锈钢外表残留的污锈。

② 化学除油。除去不锈钢表面残留的油污。

化学除油液配方：NaOH60～80g/L、$Na_2CO_3$20～40g/L、$Na_3PO_4$20～40g/L、$Na_2SiO_3$3～10g/L，温度70～90℃，时间以除尽为止。

③ 电化学抛光。对不锈钢表面实施电化学抛光，以获得光亮、平整的表面，提高不锈钢的装饰性，或可用于金相测试。

不锈钢电化学抛光液配方：85%$H_3PO_4$600mL/L、丙三醇30mL/L、糖精2～4g/L，电流密度30～60mA/cm^2，温度50～70℃，时间5～8min。

④ 钝化。进一步提高不锈钢的耐腐蚀性能。

不锈钢钝化液配方：$HNO_3$69%(质量分数)、$K_2Cr_2O_7$2%，其余为水。温度40℃，时间30～60min。

3. 实验操作过程

(1) 溶液配制　准备3个250mL的烧杯。

① 除油液配制。分别称量12g、4g、4g和0.6g的NaOH、Na_2CO_3、Na_3PO_4和Na_2SiO_3放入其中一个烧杯，放入适量的蒸馏水，直到烧杯中的溶液为200mL，用玻璃棒搅拌，直到大部分试剂都溶解后，把烧杯放在水浴锅中加热，调节水浴温度为70℃，再用玻璃棒搅拌一直到所有试剂都溶解为止，记为A烧杯除油液。

② 电化学抛光液配制。用量筒量取120mL 85%的磷酸倒入另外一个250mL的烧杯中，再依次量取6mL丙三醇、0.4g糖精倒入，最后加入蒸馏水，直到烧杯中的水为200mL，用玻璃棒搅拌均匀，放置在水浴锅中加热，直到温度为70℃，记为B烧杯抛光液。

③ 钝化液配制。先在一个250mL的烧杯中加约100mL的蒸馏水，量取15mL浓硝酸

(69%)，一边缓慢倒入烧杯，一边用玻璃棒搅拌（注意：硝酸溶液要缓慢倒入，以防止产生大量热致使溶液溅出），再称取 4g $K_2Cr_2O_7$ 倒入，并用玻璃棒搅拌均匀，放置在水浴锅中加热到 40℃，记为 C 烧杯钝化液。

④ 蓝点测试液配制。在 1 个 100mL 的烧杯中加入约 60mL 的蒸馏水，用量筒分别量取 1mL 98%的 H_2SO_4、5mL 36%的盐酸，在搅拌条件下分别加入到 60mL 蒸馏水中，然后再称量 5g 铁氰化钾溶于该溶液中，再把溶液转移到 100mL 容量瓶中，用少量的水清洗烧杯 2 次，倒入 100mL 容量瓶中，最后把容量瓶溶液稀释到 100mL。

(2) 不锈钢片的准备　裁剪 30mm ×10mm 的 304 不锈钢片，在喷砂机中实施 1～2min 的喷砂，直到表面呈亮银白色。再分别用 500＃、800＃的金相砂纸进行手动抛光，用自来水冲洗干净。用镊子夹住冲洗干净的不锈钢片，放入除油液 A 烧杯中，漂洗 1～2min，直到不锈钢片表面能完全润湿溶液，可视为除油完毕。除油完毕后用自来水冲洗干净。

(3) 电化学抛光　将冲洗干净的不锈钢片用夹子夹住与电源负极连接，另取一干净的不锈钢片用夹子夹住并与电源正极连接。把连接了负极、正极的不锈钢片同时放入 B 烧杯抛光液中，使不锈钢片浸入溶液中约 1.5cm，调节电源的电流为 45～90mA，记下时间开始进行电化学抛光。电化学抛光过程中，观察阴极、阳极的变化情况，直到抛光时间持续 5min，关闭电源，去除不锈钢片，用自来水冲洗干净。

(4) 钝化　将经过电化学抛光并冲洗干净的不锈钢片投入到 C 烧杯钝化液中，30min 后取出，用蒸馏水冲洗干净，用滤纸吸干不锈钢片表面的水珠，最后用吹风机吹干。

五、实验记录与结果处理

(1) 目测法检验

① 肉眼检查抛光样品表面是否有电烧伤、气道、麻点、挂灰和皱皮。

② 外表是否存在未洗净盐类的痕迹。

(2) 根据 GB/T 25150—2010《工业设备化学清洗中奥氏体不锈钢钝化膜质量测试方法——蓝点法》，钝化膜质量测试如下：

在钝化的不锈钢片上选取一 a 点，用玻璃注射器吸取 0.1mL 蓝点液，开始用秒表计时，当蓝点液覆盖区内出现蓝点数量达到 8 个时，终止计时。在不同的区域再选取 b、c 两点，重复同样的实验，计入表 4-10。

分别取一经电化学抛光但未经钝化的 304 不锈钢和一未经电化学抛光的 304 不锈钢样品，重复上述蓝点测试法，填入表 4-10。

表 4-10　出现 8 个蓝点所需的时间　　单位：s

区域/时间/样品	a	b	c	平均值
抛光钝化样品				
抛光未钝化样品				
未抛光未钝化样品				

六、思考题

1. 影响不锈钢电解抛光镜面效果的因素有哪些？
2. 影响钝化膜质量的因素有哪些？

七、背景材料

1. 电解抛光理论

（1）黏性膜理论　由Jacguet提出的黏性膜理论认为，当电流通过电解液时，在阳极表面生成一层由阳极溶解产物组成的黏性液膜，它有较高的黏度和较大的电阻，而其厚度在粗糙表面的各个部分是不相等的，在凹陷部位的厚度大于凸起部位的厚度。由于阳极表面的"绝缘"程度不同，因而阳极表面上的电流分布不均匀，凸起部位的电流较凹陷部位的电流大。所以凸起部位的溶解相对较快，便导致粗糙表面被宏观抛光。该理论的局限性在于不能回答电化学抛光过程中是否发生阳极金属的钝化氧化问题，也不能解释电化学抛光过程中所特有的阳极极化问题。

（2）钝化膜理论　该理论认为，在电化学抛光过程中，阳极极化，其表面生成钝化膜，只有致密的钝化膜才能抑制表面的结晶学腐蚀。由于阳极表面上凸起和凹陷部位的钝化程度不同，其中凸起部位的化学活性较大，且开始形成的钝化膜往往不完整呈多孔性，而凹陷部位处于更为稳定的钝化状态。因此凸起部位钝化膜的溶解破坏程度比凹处的大，其结果是凸起部位被腐蚀。如此反复，直至获得稳定致密的钝化膜层，这使电化学抛光效果可达极值。该理论虽在微观抛光上获得了较完善的解释，但又不能较好地说明电化学抛光的全过程。

2. 国外电解抛光技术水平

顶级的抛光工艺由美国、日本等少数国家掌握。抛光机的核心器件是"磨盘"。超精密抛光对抛光机中磨盘的材料构成和技术要求近乎苛刻，这种由特殊材料合成的钢盘，不仅要满足自动化操作的纳米级精密度，更要具备精确的热膨胀系数。当抛光机处在高速运转状态时，如果热膨胀作用导致磨盘热变形，基片的平面度和平行度就无法保证。而这种不能被允许发生的热变形误差不是几毫米或几微米，而是几纳米。目前，美国、日本等国际顶级的抛光工艺已经可以满足60in（1in＝2.54cm，下同）基片原材料的精密抛光要求（属超大尺寸），他们据此掌控着超精密抛光工艺的核心技术，牢牢把握了全球市场的主动权。而事实上，把握住这项技术，也就在很大程度上掌控了电子制造业的发展。日本产抛光机的磨盘均为定制，不进行批量生产，直接限制了他国仿制；美国的抛光设备销往中国，价格一般都在1000万元以上，而且销售订单已经排至2019年年底，此前不接受任何订单。

第五章 湿法冶金

实验二十一 氢氧化物沉淀法从含钴、镁的溶液中回收钴

一、实验目的

1. 了解从溶液中回收钴的工业生产方法。
2. 掌握氢氧化物沉淀法回收钴的原理。

二、实验原理

氢氧化物沉淀法是一种常见的金属分离方法，通过在溶液中加入碱性试剂，使金属离子生成难溶氢氧化物沉淀，根据氢氧化物沉淀 pH 的差异可实现不同金属离子的分离。除少数碱金属外，大多数金属的氢氧化物都属于难溶化合物，可以通过氢氧化物沉淀法加以回收。

本实验采用氢氧化钠作为沉淀剂从含钴、镁的硫酸溶液中回收钴，使钴以氢氧化钴沉淀的形式析出，而镁留在溶液中，可实现钴、镁的分离和回收钴的目的。

反应过程中，氢氧化钠首先作为中和剂调节溶液酸度至溶液 pH>7，然后溶液中 Co^{2+} 与 OH^- 发生反应，生成氢氧化钴沉淀，反应式如下：

$$H^+ + OH^- = H_2O$$

$$Co^{2+} + 2OH^- = Co(OH)_2 \downarrow$$

反应过程还需严格控制氢氧化钠的加入速率，以防止氢氧化钠加入量过多导致溶液 pH>9，因为此条件下溶液中的 Mg^{2+} 也会与 OH^- 生成沉淀，导致钴、镁无法分离。

可采用亚硝基-R 盐分光光度法测定溶液中钴的浓度：在 pH 值为 5.5～7.5、柠檬酸铵和亚硝酸钠存在的条件下，Co^{2+} 可被亚硝酸钠氧化成 Co^{3+}，Co^{3+} 与亚硝基-R 盐形成红色络合物，于分光光度计波长 530nm 处测定红色络合物的吸光度，根据钴标准溶液浓度与吸光度的关系绘制工作曲线，根据工作曲线查出待测液中钴的浓度。

三、实验仪器和试剂

1. 主要仪器设备

pH 计，分光光度计，恒温水浴锅，电动搅拌器，循环水式多用真空泵，干燥箱，抽滤瓶 1 个，布氏漏斗 1 个，60mL 滴液漏斗 5 个，250mL 烧杯 7 个，400mL 烧杯 5 个，玻璃棒 5 根，500mL 容量瓶 5 个，50mL 容量瓶 11 个，10mL 移液管 5 支；10mL 量筒 4 个，胶头滴管 1 个，1cm 比色皿 11 个。

2. 主要试剂

七水合硫酸钴（分析纯），七水合硫酸镁（分析纯），钴标准溶液（20μg/mL），氢氧化钠溶液（0.25mol/L），去离子水，亚硝酸钠溶液（5g/L），亚硝基-R 盐溶液（5g/L），98% H_2SO_4(分析纯)。

氨性柠檬酸铵溶液（250g/L）：称取 62.5g 柠檬酸铵（分析纯）于 250mL 烧杯中，加入 200mL 水溶解，再加入 5mL 氨水（25%，分析纯），用去离子水稀释至 250mL。

硫酸溶液（1+1）：98% 硫酸和去离子水按照 1∶1（体积比）的比例混合后的溶液。

四、实验步骤

1. 溶液中钴浓度的测定

（1）显色反应　用移液管移取适量含有钴离子的溶液置于 50mL 容量瓶中，依次加入 10mL 氨性柠檬酸铵溶液、1mL 亚硝酸钠溶液和 6mL 亚硝基-R 盐溶液，放置 1min。再在容量瓶中加入 10mL 硫酸溶液（1+1），在沸水浴中加热 30s，取下容量瓶用流水冷却至室温，用去离子水稀释至刻度。

（2）工作曲线绘制　移取 0mL，2.00mL，4.00mL，6.00mL，8.00mL，10.00mL 钴标准溶液分别置于 50mL 容量瓶中，对应的钴浓度分别为 0μg/mL，0.80μg/mL，1.60μg/mL，2.40μg/mL，3.20μg/mL，4.00μg/mL，按步骤（1）分别进行显色反应，于分光光度计 530nm 处用 1cm 比色皿测定显色反应后溶液的吸光度。以钴浓度为横坐标，扣除空白后的吸光度为纵坐标，数据填入表 5-1，绘制工作曲线。

（3）样品测试　用移液管移取适量待测液置于 50mL 容量瓶，按步骤（1）进行显色反应，于分光光度计 530nm 处用 1cm 比色皿测定显色反应后溶液的吸光度，从工作曲线上查出样品的浓度，再根据稀释倍数计算待测样品中钴的浓度。

2. 从含钴、镁的溶液中回收钴

（1）原料液的配制　称取 1.2g 七水合硫酸钴和 38.5g 七水合硫酸镁溶于 250mL 去离子水中。用 1. 所述方法测定原料液中钴的浓度。

（2）回收钴的实验　量取 150mL 原料液置于 250mL 烧杯中，量取 20～60mL NaOH 溶液置于滴液漏斗中，将烧杯置于装有电动搅拌装置的恒温水浴锅中加热至 60℃，启动搅拌器，调节转速为300r/min，同时缓慢滴加NaOH溶液于烧杯中，控制滴加速度为0.5mL/min。

搅拌反应一段时间后，停止加热和搅拌，取出烧杯于室温下陈化1h，将烧杯中混合物转移至布氏漏斗中，用循环水式多用真空泵进行减压抽滤，分别收集滤液和沉淀物。

用pH计测定滤液pH值，沉淀物用去离子水洗涤，洗涤液和滤液一并转移至500mL容量瓶，定容，用1. 所述方法测定钴的浓度。洗涤后的沉淀物置于干燥箱，于50℃下干燥2.5～3.5h。

根据原料液和反应后溶液中钴的浓度，按照下式计算钴沉淀率。

$$钴沉淀率=\frac{C_1V_1-C_2V_2}{C_1V_1}\times 100\%$$

式中 V_1——原料液体积，150mL；

V_2——反应后溶液的体积，500mL；

C_1——原料液中钴的浓度，g/L；

C_2——反应后溶液中钴的浓度，g/L。

注意：在测定原料液和反应后溶液中钴的浓度时，需通过稀释操作将待测液中钴的浓度调整到0～4μg/mL范围之内。

测定不同反应时间后滤液的pH、钴沉淀率等参数。测量反应后滴液漏斗中剩余的氢氧化钠的体积，计算不同反应时间时的氢氧化钠消耗量，记入表5-2。

可采用X射线衍射仪对干燥后的沉淀产物进行物相分析，确定产物的种类和化学组成。可用EDTA滴定法测定原料液和反应后溶液中镁的浓度。

五、实验记录与结果处理

1. 工作曲线测定

表5-1 不同钴浓度时的吸光度

钴浓度 C/(μg/mL)	0	0.80	1.60	2.40	3.20	4.00
吸光度						
扣除空白后的吸光度 A						

以钴浓度为横坐标、扣除空白后的吸光度为纵坐标，绘制工作曲线，见图5-1。

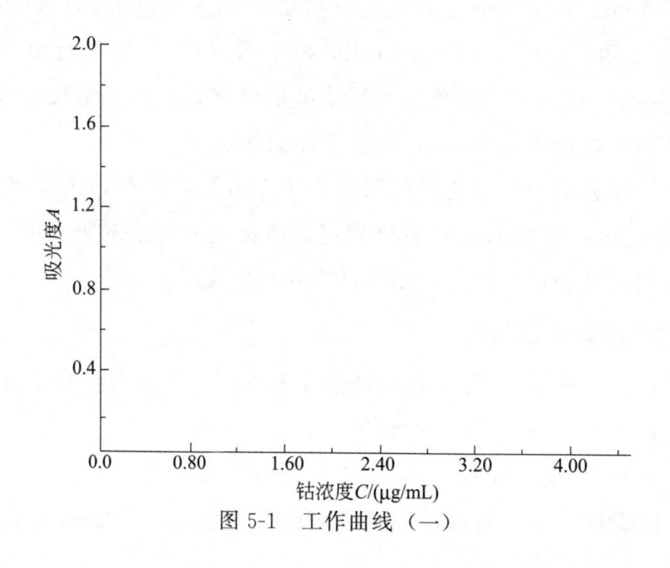

图5-1 工作曲线（一）

工作曲线方程：______________

2. 氢氧化钠消耗量和钴沉淀率计算

原料液的吸光度 A：__________；

由工作曲线查出的钴浓度：__________ g/L；

原料液中钴的浓度 C_1：________g/L。

表 5-2 不同反应时间时的氢氧化钠消耗量和钴沉淀率

反应时间/h	0.5	1.0	1.5	2.0	2.5
反应后溶液吸光度					
反应后溶液扣除空白后的吸光度 A					
反应后溶液钴的浓度 C_2/(g/L)					
钴沉淀率/%					
滤液 pH 值					
反应后氢氧化钠溶液剩余量/mL					
氢氧化钠消耗量/mol					

六、思考题

1. 实验过程中，随着 NaOH 溶液的滴加，溶液的颜色发生怎样的变化？产生这些变化的原因是什么？

2. 如何判断镁离子是否发生沉淀反应？

3. 钴沉淀率与反应时间、氢氧化钠加入量、沉淀反应后溶液的 pH 值有什么关系？

七、背景材料

钴是一种具有铁磁性的灰白色金属，抗腐蚀性能好，常温下与空气、水、碱和有机酸均不发生反应，能被盐酸、硫酸和硝酸溶解生成二价盐，是生产电池材料、高温合金、硬质合金、磁性材料和催化剂的重要原料。

钴常与镁、镍、锰、铁等金属共存于矿物中，对矿物进行冶炼所得的浸出液中常含有这些金属元素。要回收和利用矿物中的钴，必须将其与其他元素分离。

从含钴、镁等金属的溶液中分离回收钴的方法主要有化学沉淀法、溶剂萃取法和离子交换法等。其中沉淀法成本较低，钴回收率较高，应用较为普遍。化学沉淀法分为中和沉淀法、硫化物沉淀法和氟化物沉淀法三种。

中和沉淀法是在溶液中加入碱性试剂，使金属离子生成氢氧化物沉淀而实现不同金属的分离。该方法适合于沉淀 pH 相差较大的金属元素的分离。对于含有 Co^{2+} 和 Mg^{2+} 的溶液，由于 Co^{2+} 开始沉淀时 pH 值为 7 左右，而镁开始沉淀时 pH 值大于 9，故可采用中和沉淀法实现钴和镁的分离，其中 Co^{2+} 以 $Co(OH)_2$ 沉淀形式析出，而 Mg^{2+} 仍然留在溶液中。

硫化物沉淀法是根据不同金属离子硫化物溶度积的差异来实现不同金属的分离。采用硫化物沉淀法从溶液中分离Co^{2+}和Mg^{2+}，由于CoS和MgS的溶度积存在较大差异，若能控制S^{2-}加入量，使S^{2-}与Co^{2+}生成CoS沉淀析出，而Mg^{2+}不与S^{2-}反应，则可实现钴和镁的分离。

氟化物沉淀法也可以用于溶液中分离Co^{2+}和Mg^{2+}，因为Mg^{2+}能与氟化物（如KF、NH_4F等）生成难溶氟化物沉淀MgF_2，而Co^{2+}不发生反应仍然留在溶液中，故也可以实现钴和镁的分离。

实验二十二 从氯化镧溶液中制备氧化镧

一、实验目的

1. 掌握氧化镧的制备原理，熟悉由氯化镧制备氧化镧的常规工艺流程。

2. 掌握马弗炉的使用方法。

3. 了解由氯化镧溶液制备草酸镧过程中的影响因素。

二、实验原理

氯化镧可与草酸发生反应，生成草酸镧沉淀，将沉淀过滤、洗涤、干燥、煅烧可得到氧化镧粉末，其中的反应方程式如下：

$$\text{沉淀过程:} 2LaCl_3 + 3H_2C_2O_4 + 10H_2O = La_2(C_2O_4)_3 \cdot 10H_2O\downarrow + 6HCl$$

$$\text{煅烧过程:} La_2(C_2O_4)_3 \cdot 10H_2O = La_2O_3 + 3CO_2\uparrow + 3CO\uparrow + 10H_2O$$

溶液中镧的浓度采用 EDTA 滴定法测定。

三、仪器、材料和试剂

1. 仪器

恒温水浴锅，激光粒度仪，电动搅拌器，电子天平，pH 计，马弗炉，循环水式多用真空泵，干燥箱，抽滤瓶 1 个，布氏漏斗 1 个，200mL 滴液漏斗 5 个，玻璃棒 1 根，50mL 酸式滴定管若干支，50mL、250mL、500mL 烧杯若干个，10mL、50mL、100mL 量筒若干个，100mL、250mL、500mL、1L 容量瓶若干个，250mL 锥形瓶若干个，5mL、10mL 移液管若干支。

2. 试剂和材料

甲基橙（2g/L），二甲酚橙（2g/L），36%～38%盐酸（分析纯），25%氨水（分析纯），磺基水杨酸溶液（100g/L），氯化镧（分析纯），二水合草酸（分析纯），抗坏血酸（分析纯），乙二胺四乙酸二钠（分析纯），纯锌（99.999%），无水乙醇（分析纯），去离子水。

盐酸溶液（1+1）：36%～38% 盐酸溶液和去离子水按照 1∶1（体积比）的比例混合后的溶液。

氨水（1+1）：25%氨水和去离子水按照 1∶1（体积比）的比例混合后的溶液。

六亚甲基四胺缓冲溶液（pH＝5.5）：称取 100g 六亚甲基四胺于 250mL 烧杯中，加

100mL 水溶解，加 35mL 盐酸（1+1），用水稀释到 500mL。

四、实验步骤

1. 溶液的配制与标定

（1）EDTA 标准溶液的配制与标定

① 锌标准溶液的配制。用电子天平称取 0.2000g 纯锌（99.999%，$M=65.39$），加 10mL 水、10mL 盐酸（1+1），低温加热至完全溶解，溶液移入 100mL 容量瓶，用水稀释至刻度，作为锌标准液。此溶液锌的浓度为 0.03059mol/L。

② EDTA 溶液的配制。称取 9.3g 乙二胺四乙酸二钠，加水溶解，定容至 500mL，溶液浓度约为 0.05mol/L。

③ EDTA 溶液的标定。移取 5.00mL 锌标准溶液于 250mL 锥形瓶中，加 50mL 水、1 滴甲基橙指示剂，用氨水（1+1）和盐酸（1+1）调节溶液至刚变为黄色，加 5mL 六亚甲基四胺缓冲溶液、2 滴二甲酚橙，用 EDTA 溶液滴定至溶液由红色变为黄色为终点。平行滴定 3 次，所消耗的 EDTA 溶液体积的极差值不应超过 0.1mL，取其平均值。

EDTA 溶液的浓度按照下式计算：

$$c_1=\frac{c_0V_0}{V_1}$$

式中 c_1——EDTA 溶液的浓度，mol/L；

c_0——锌标准溶液的浓度，0.03059mol/L；

V_0——锌标准溶液体积，5mL；

V_1——滴定时消耗的 EDTA 溶液体积，mL。

（2）氯化镧原料液的配制　称取 5g、10g、15g、20g、25g 氯化镧，分别加水溶解并稀释到 250mL，此时溶液中镧的浓度分别约为 0.05mol/L、0.10mol/L、0.15mol/L、0.20mol/L、0.25mol/L。因氯化镧易吸水且含水量不确定，应采用 EDTA 滴定法确定原料液中镧的实际浓度，具体步骤如下：

移取 5.00mL 氯化镧原料液于 250mL 锥形瓶中，加 50mL 水、0.2g 抗坏血酸、2mL 磺基水杨酸溶液、1 滴甲基橙，用氨水（1+1）和盐酸溶液（1+1）调节溶液至刚变为黄色，加 5mL 六亚甲基四胺缓冲溶液、2 滴二甲酚橙，用 EDTA 溶液（经过标定的）滴定至溶液由红色刚变为黄色即为终点。平行滴定 3 次，所消耗的 EDTA 溶液体积的极差值不应超过 0.1mL，取其平均值。

原料液中镧的浓度按照下式计算：

$$c_2=\frac{c_1V_1}{V_2}$$

式中 c_2——原料液中镧的浓度，mol/L；

c_1——EDTA 溶液的浓度，mol/L；

V_1——滴定时消耗的 EDTA 溶液体积，mL；

V_2——移取的氯化镧原料液体积，5mL。

(3) 草酸溶液的配制　称取 37.8g 二水合草酸，加水溶解并稀释到 1L，配制成浓度约为 0.3mol/L 的草酸溶液。

2. 氯化镧溶液的沉淀实验

取 5 个 500mL 烧杯，量取 100mL 0.05mol/L、0.10mol/L、0.15mol/L、0.20mol/L、0.25mol/L 的氯化镧原料液，加入 150mL 0.3mol/L 草酸溶液于滴液漏斗中，将烧杯置于装有电动搅拌装置的恒温水浴中加热至 30℃，启动搅拌器，调节转速为 400r/min，同时由滴液漏斗缓慢滴加草酸溶液于烧杯中，控制草酸流速在 2.5mL/min 左右，沉淀反应时间控制在 1h。

将烧杯中混合物转移至布氏漏斗中，用循环水式多用真空泵进行减压抽滤，分别收集滤液和沉淀物。

将沉淀物用水洗涤 3 次，将滤液和洗涤液合并，定容至 250mL，用实验二十一所述 EDTA 滴定法测定溶液中镧的浓度，并计算各组实验的沉淀率，数据填入表 5-3 中。

沉淀率计算公式：

$$沉淀率=\frac{c_2V_3-c_4V_4}{c_2V_3}\times100\%$$

式中　c_2——原料液中镧的浓度，mol/L；

V_3——参与反应的氯化镧原料液的体积，100mL；

c_4——洗涤后溶液中镧的浓度，mol/L；

V_4——洗涤后溶液的体积，250mL。

3. 沉淀物的干燥与煅烧

将经过洗涤的沉淀物置于干燥箱中，在 100℃下干燥 2h，随后置于马弗炉中，于 900℃下煅烧 2h。马弗炉经过约 12h 自然降温至 50℃左右（注意：马弗炉不能在高于 200℃打开，并防止烫伤）时，可打开炉门取出氧化镧固体。

煅烧后获得的氧化镧固体粉末可用激光粒度仪测定其粒径范围。

五、实验记录与结果处理

表 5-3　原料液中镧的浓度对沉淀率的影响

原料液中镧的浓度 c_2/(mol/L)	
洗涤后溶液中镧的浓度 c_4/(mol/L)	
沉淀率/%	

六、思考题

1. 原料液中镧的浓度改变对沉淀率有什么影响？
2. 测定溶液中镧的浓度时，如何判断滴定终点？

七、背景材料

1. 氧化镧的制备方法

镧是一种重要的稀土元素，主要存在于稀土矿中。对稀土矿的湿法冶炼可以获得氯化镧、硝酸镧等溶液，以这些溶液为原料可以制备氧化镧。氧化镧的制备方法主要有溶胶-凝胶法、微乳液法、醇盐水解法、固相合成法、化学沉淀法等。化学沉淀法因具有反应条件温和、操作简单、设备投资少的特点，在稀土氧化物的生产中得到广泛应用。常用的沉淀剂有Na_2CO_3、$NaHCO_3$、NaOH、氨水、草酸，其中草酸不易与其他杂质生成沉淀，用草酸作沉淀剂可以制备高纯度的氧化镧。

2. 氧化镧的应用

氧化镧是一种重要的稀土材料，在光学玻璃、电子陶瓷、催化剂、荧光粉等领域应用十分广泛。

（1）在光学玻璃中的应用　镧光学玻璃是以La_2O_3为主成分的硼酸盐或硼硅酸盐高级光学玻璃，加入的La_2O_3为20%～60%，可制成镧冕（LaK）、镧火石（LaF）和重镧火石（ZLaF）等三大类玻璃。镧光学玻璃具有高折射和低色散的光学特性，氧化镧的加入可提高玻璃的化学稳定性和寿命，又可增加玻璃的硬度和软化温度。镧光学玻璃主要用于制造各种高级镜头（如高级照相机镜头、广角镜头、变焦距镜头、电影电视镜头、缩微和制版镜头等）和多种光学仪器元件（如透镜、棱镜、滤光镜、反射镜、显微镜等）。

（2）在电子陶瓷中的应用　氧化镧可用于电子工业中电子陶瓷的制造。电子陶瓷是指用于制作电子功能元件、以氧化物为主要成分的烧结体材料，主要分为功能陶瓷及结构陶瓷两大类，前者用于制造电容器、电阻器和传感器等，后者则用于制造电子元器件和绝缘件等。在电子陶瓷中加入La_2O_3后，可改善陶瓷的烧结性，可提高致密度和降低气孔率，能有效改善介电常数、机械强度等性能。

（3）在荧光粉中的应用　氧化镧是制造荧光粉的原料之一。在三基色灯用荧光粉（由红、蓝、绿色粉组成）中，绿色粉是用Tb激活的稀土磷酸盐，是由La_2O_3、CeO_2、Tb_4O_7和H_3PO_4等制成的。彩色显像管荧光粉也是由红、蓝和绿色粉组成的，其中的蓝、绿色粉可用La_2O_3与溴氧化物等制成。

（4）在催化剂中的应用　含氧化镧的催化剂主要用于石油分离精制和汽车尾气净化领域。例如，在将原油提炼为汽油的过程中，采用含氧化镧的混合氯化稀土作为催化剂时，可提高炼油的生产能力和油品的辛烷值。又如，汽车尾气净化催化剂常用的Pt-Pd-Rh三元催化剂，用γ-Al_2O_3作为载体，若在三元催化剂的活化涂层中加入一定量的氧化镧，可提高载体的热稳定性，增强催化剂的活性，提高汽车尾气中有毒物质的转化速率。

实验二十三　P507 萃取分离矿物浸出液中的铁

一、实验目的

1. 掌握溶剂萃取的基本原理。

2. 了解溶剂萃取法除铁的常规工艺流程。

3. 了解萃取率的影响因素。

二、实验原理

溶剂萃取是指两个完全不互溶或部分互溶的液相接触后，一个液相中的溶质经过物理或化学作用，部分或几乎全部进入另一个液相，以达到分离或提纯的目的。溶剂萃取体系主要由含有待萃取物质的水相和有机相两部分组成。溶剂萃取可实现溶液中不同组分的分离，已广泛应用于化工、冶金、食品等行业中。

P507（异辛基膦酸单异辛酯）是一种有机萃取剂，分子式为 $C_{16}H_{35}O_3P$，分子中具有活泼氢，能与金属阳离子发生交换，其反应式如下：

$$nHR + M^{n+} \rightleftharpoons R_nM + nH^+$$

其中 HR 表示 P507 萃取剂，R 表示—$C_{16}H_{34}O_3P$，M 表示金属阳离子。在本实验中，当含 P507 萃取剂的有机相与含 Fe^{3+} 的溶液进行接触后，Fe^{3+} 与 P507 发生上述离子交换反应，Fe^{3+} 转移至有机相中，从而达到脱除溶液中铁的目的。

本实验采用磺基水杨酸分光光度法测定溶液中 Fe^{3+} 浓度，在 pH＝8.5～11 的氨性溶液中，Fe^{3+} 与磺基水杨酸生成稳定的黄色络合物，于分光光度计波长 420nm 处测定黄色络合物的吸光度，根据铁标准溶液浓度与吸光度的关系绘制工作曲线。测定待测液中 Fe^{3+} 与磺基水杨酸所生成络合物的吸光度，根据工作曲线计算待测液中铁的浓度。

三、仪器和试剂

1. 仪器

3cm 比色皿，pH 计，分析天平，分光光度计，振荡器，250mL 分液漏斗 4 个，100mL 烧杯 1 个，50mL 量筒若干，250mL 容量瓶 1 个，50mL 容量瓶若干，10mL 移液管若干支。

2. 试剂

溶剂油（分析纯），P507（分析纯），$FeCl_3 \cdot 6H_2O$（AR 级），Fe^{3+} 标准溶液（50μg/

mL)，25%氨水（分析纯），36%～38%盐酸（分析纯），磺基水杨酸溶液（100g/L），去离子水。

盐酸溶液（1+1）：36%～38%盐酸溶液和去离子水按照1∶1（体积比）的比例混合后的溶液。

氨水（1+1）：25%氨水和去离子水按照1∶1（体积比）的比例混合后的溶液。

四、实验步骤

1. 分光光度法测定溶液中Fe^{3+}浓度

（1）待测液测定　用移液管移取一定体积的待测液于50mL容量瓶中，加入5mL磺基水杨酸溶液（100g/L），用氨水（1+1）中和至溶液呈黄色并过量2mL，加水定容。在流水中冷却至溶液清亮。将部分溶液移入3cm比色皿中。以随同试料的空白溶液为参比，于分光光度计波长420nm处测定吸光度，从工作曲线上算出相应的铁浓度。

（2）工作曲线　移取0mL、1.00mL、3.00mL、6.00mL、9.00mL、12.00mL Fe^{3+}标准溶液（50μg/mL），分别置于一组50mL容量瓶中，按步骤（1）进行显色反应。以试剂空白溶液为参比，于分光光度计波长420nm处测定吸光度值，数据记于表5-4中，以铁离子浓度为横坐标、吸光度为纵坐标，绘制工作曲线。

2. 萃取实验

（1）原料液　用天平称取约0.65g $FeCl_3 \cdot 6H_2O$，加水溶解后稀释至250mL（Fe^{3+}浓度约为0.5g/L）。用移液管移取1.00mL原料液于50mL容量瓶中，加水定容，用分光光度法测定溶液中Fe^{3+}浓度所述方法测定Fe^{3+}浓度。

用量筒量取4份体积为30mL的原料液，用盐酸（1+1）和氨水（1+1）调节溶液pH值分别约为0.25、0.5、1.0、1.5（用pH计测定），作为萃取实验的原料液。

（2）萃取　用量筒量取60mL溶剂油和30mL P507倒入250mL分液漏斗中，混匀后，加入30mL原料液，置于振荡器中于300～600r/min下振荡10min，取出分液漏斗，静置分层，记录分相时间及分相现象。

待混合液分层后，放出下层液体（称为萃余液），记录萃余液体积，测定萃余液的pH值。用移液管移取1.00mL萃余液于50mL容量瓶中，加水定容，用所述方法测定其中的Fe^{3+}浓度，根据下式计算Fe^{3+}萃取率，并将数据记入表5-5。

$$E=\frac{C_1V_1-C_2V_2}{C_1V_1}\times 100\%$$

式中　C_1——原料液中Fe^{3+}浓度，g/L；

V_1——原料液的体积，30mL；

C_2——萃余液中Fe^{3+}浓度，g/L；

V_2——萃余液体积，mL。

五、实验记录与结果处理

1. 工作曲线

表 5-4 不同 Fe^{3+} 浓度时的吸光度（一）

Fe^{3+} 浓度 C/(g/L)						
吸光度						
扣除空白后的吸光度 A						

以 Fe^{3+} 浓度 C 为横坐标、扣除空白后的吸光度 A 为纵坐标，绘制工作曲线，见图 5-2。

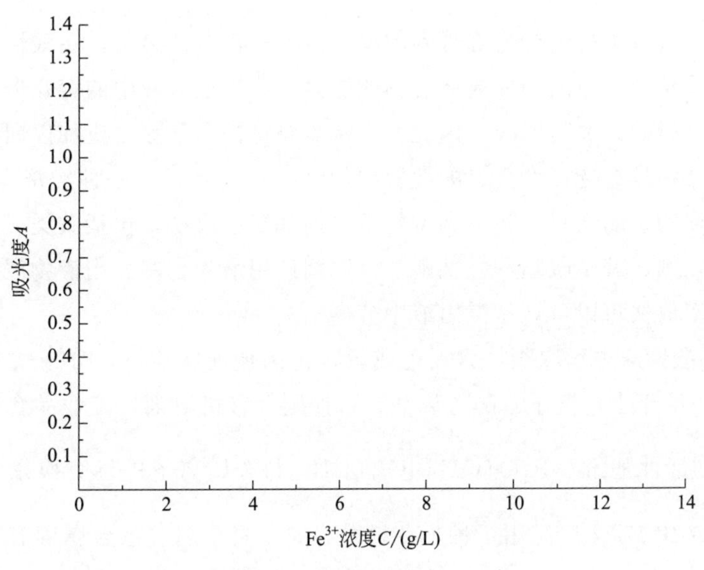

图 5-2 工作曲线（二）

工作曲线方程：__________。

2. 萃取实验数据

原料液的吸光度________，根据工作曲线计算原料液中 Fe^{3+} 浓度 C_1________g/L。

表 5-5 原料液 pH 值对萃取率的影响

原料液 pH 值				
分相时间/min				
分相现象				
萃余液体积 V_2/mL				
萃余液 pH 值				
分光光度法测定萃余液 Fe^{3+} 浓度时的吸光度 A				
萃余液中 Fe^{3+} 浓度 C_2/(g/L)				
萃取率 E/%				

六、思考题

1. 测定溶液中 Fe^{3+} 浓度时，显色反应中加入氨水的作用是什么？加入氨水时为什么要过量 2mL？

2. 萃取实验中加入溶剂油的作用是什么？

3. 原料液 pH 值对萃取率有什么影响？为什么萃余液 pH 值比原料液 pH 值低？

4. 分相过程观察到什么现象？影响分相时间的因素有哪些？

七、背景材料

在冶金工业中，对矿物进行冶炼得到的浸出液中常含有铁离子，在酸性溶液中，铁离子强烈的水解倾向及易与其他离子形成络合物的能力，使铁在溶液中的存在形式极为复杂，影响了溶液中其他金属的分离与回收，因此，常常需要将铁离子除去或加以回收利用。

溶剂萃取法除铁具有选择性高、能耗低和污染少等优点，是一种经济有效的除铁方法。铁是最容易被萃取的金属之一，各种类型的萃取剂都能萃取铁，包括胺类、酸性磷类、羧酸类以及酰胺类萃取剂，其中胺类和酸性磷类萃取剂使用最为普遍。当矿物浸出液中铁浓度较低时，采用溶剂萃取法可以将铁从浸出液中分离出去。

P507 是一种酸性磷类萃取剂，为无色或微黄色黏稠油状液体，分子式 $C_{16}H_{35}O_3P$，分子量为 306.4，不溶于水，溶于乙醇、煤油、石油醚等有机溶剂，工业品含量＞93%。在萃取过程中 P507 的活性基团 $\rangle P(O)OH$ 电离出 H^+ 与金属离子进行交换来实现金属离子的萃取。在工业生产中 P507 广泛用于稀土、稀散金属、贵金属、重金属等有色金属领域的萃取分离及提纯。

实验二十四 针铁矿法脱除矿物浸出液中的铁

一、实验目的

1. 掌握针铁矿法除铁的基本原理。

2. 了解针铁矿法除铁过程的影响因素。

二、实验原理

在酸性溶液中，在 pH>2 时，溶液中的 Fe^{3+} 会发生水解反应，生成针铁矿而从溶液中沉积下来，其反应式如下：

$$Fe^{3+} + 2H_2O = FeOOH + 3H^+$$

利用上述反应，可将铁从溶液中分离出去。将得到的沉淀过滤、洗涤、干燥，可获得针铁矿（FeOOH）产品。

本实验采用磺基水杨酸分光光度法测定反应前后溶液中 Fe^{3+} 浓度。

三、仪器和试剂

1. 仪器

天平，烘箱，pH 计，可见分光光度计，集热式恒温磁力搅拌器，循环水式多用真空泵，250mL 具塞锥形瓶 4 个，搅拌磁子 4 个，布氏漏斗，1L 烧杯 1 个，50mL 酸式滴定管 4 支，50mL 量筒、500mL 容量瓶若干，250mL 烧杯若干。

2. 试剂

硫酸铁（分析纯），Fe^{3+} 标准溶液（50μg/mL），25%氨水（分析纯），98%硫酸（分析纯），磺基水杨酸溶液（100g/L），氢氧化钠溶液（0.1mol/L），去离子水。

硫酸溶液（1+1）：98%硫酸溶液和去离子水按照 1∶1（体积比）的比例混合后的溶液。

氨水（1+1）：25%氨水和去离子水按照 1∶1（体积比）的比例混合后的溶液。

四、实验步骤

1. 原料液

用天平称取一定质量的硫酸铁，加水溶解并稀释至 1000mL，配制成 Fe^{3+} 浓度约为 1g/

L的溶液。用量筒量取4份体积为130mL、Fe^{3+}浓度约为1g/L的溶液于250mL烧杯中，用硫酸（1+1）和氢氧化钠溶液（0.1mol/L）调节溶液pH>2（用pH计测定），加水稀释至150mL，作为除铁实验的原料液1。用磺基水杨酸分光光度法测定原料液1中Fe^{3+}浓度（实验方法及步骤见实验二十三）。

用天平称取一定质量的硫酸铁，加水溶解并稀释至150mL，配制成Fe^{3+}浓度约为8g/L的溶液，用硫酸（1+1）和氢氧化钠溶液（0.1mol/L）调节至溶液pH>2（用pH计测定），作为除铁实验的原料液2。用磺基水杨酸分光光度法测定原料液2中Fe^{3+}浓度（实验方法及步骤见实验二十三），将数据记录于表5-6。

2. 除铁实验

（1）原料液1　将原料液1和搅拌磁子加入250mL具塞锥形瓶中，将集热式恒温磁力搅拌器的水浴温度加热至90℃，将锥形瓶放入水浴，启动搅拌器，在转速为300r/min时搅拌反应。4份原料液1进行反应的时间分别为0.5h，1h，2h和3h。

反应结束后，将锥形瓶中混合物转移至布氏漏斗，用循环水式多用真空泵进行减压抽滤，分别收集滤液和沉淀物。

用pH计测定滤液pH值。沉淀物用去离子水洗涤，洗涤液和滤液一并转移至500mL容量瓶，定容，用磺基水杨酸分光光度法测定溶液中Fe^{3+}浓度（实验方法及步骤见实验二十三），将数据记录于表5-7。

根据下式计算除铁率：

$$除铁率=\frac{C_1V_1-C_2V_2}{C_1V_1}\times 100\%$$

式中　C_1——原料液1中Fe^{3+}浓度，g/L；

V_1——原料液的体积，150mL；

C_2——洗涤后溶液中Fe^{3+}浓度，g/L；

V_2——洗涤后溶液体积，500mL。

洗涤后的沉淀物置于干燥箱，于50℃下干燥2.5～3.5h。可采用X射线衍射仪对干燥后的沉淀产物进行物相分析，确定产物的种类和化学组成。

（2）原料液2　将原料液2和搅拌磁子加入250mL具塞锥形瓶中，将集热式恒温磁力搅拌器的水浴温度加热至90℃，将锥形瓶放入水浴，启动搅拌器，在转速为300r/min时搅拌反应3h。反应结束后的处理步骤与原料液1相同。

五、实验记录与结果处理

1. 工作曲线

表5-6　不同Fe^{3+}浓度时的吸光度（二）

Fe^{3+}浓度C/(g/L)	0	1	3	6	9	12
吸光度						
扣除空白后的吸光度A						

以 Fe^{3+} 浓度 C 为横坐标、扣除空白后的吸光度 A 为纵坐标，绘制工作曲线，见图 5-3。

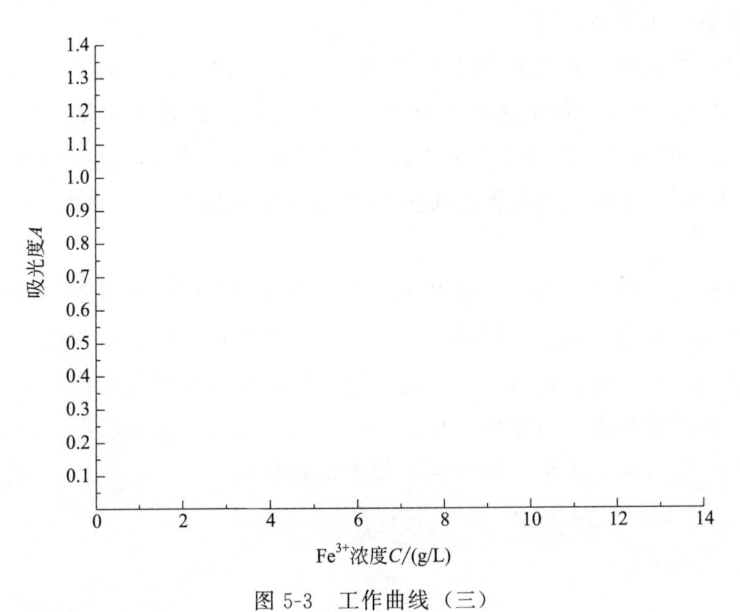

图 5-3　工作曲线（三）

工作曲线方程：________________。

2. 除铁实验数据

原料液 1 的吸光度________，计算得到原料液 1 中 Fe^{3+} 浓度 C_1________g/L。

原料液 2 的吸光度________，计算得到原料液 2 中 Fe^{3+} 浓度 C_1________g/L。

原料液 1 的 pH________，原料液 2 的 pH________。

表 5-7　反应时间对除铁率的影响

反应时间/h	0.5(原料液 1)	1(原料液 1)	2(原料液 1)	3(原料液 1)	3(原料液 2)
滤液 pH 值					
洗涤后溶液 Fe^{3+} 浓度 C_2/(g/L)					
除铁率/%					

六、思考题

1. 原料液 1 和原料液 2 的沉淀产物有什么不同?
2. 不同反应时间的沉淀产物，其颜色和过滤性能有什么差异?
3. 沉淀率与反应时间的关系是怎样的?

七、背景材料

除了溶剂萃取法，还可采用沉淀法脱除矿物浸出液中的铁。针铁矿除铁法是常用的一种脱除和分离溶液中铁的方法，该方法具有操作简便、反应条件温和、工艺流程短等优点，沉淀产物针铁矿又可作为产品出售，因此，该方法在矿物浸出液的净化分离中应用广泛，特别是在湿法炼锌领域应用非常普遍。

针铁矿除铁法可同时脱除溶液中的 Fe^{2+} 和 Fe^{3+}。当溶液中含有 Fe^{2+} 时，需先将 Fe^{2+} 氧化成 Fe^{3+}。除铁过程常用的氧化剂有空气、二氧化锰、过氧化氢等。针铁矿除铁法要求溶液中 Fe^{3+} 浓度不能过高（低于1～2g/L），当溶液中 Fe^{3+} 浓度较高时（如高于2g/L），需先把 Fe^{3+} 还原成 Fe^{2+}，然后加入氧化剂使 Fe^{2+} 缓慢氧化成 Fe^{3+}，同时 Fe^{3+} 水解生成针铁矿沉淀。

另外，针铁矿这个术语还表示一种矿物，其化学组成为 FeO(OH)，是水合铁氧化物。针铁矿晶体属正交（斜方）晶系，晶体为片状、柱状或针状，颜色由黄褐色到红色。针铁矿是其他铁矿（如黄铁矿、磁铁矿等）的风化产物，针铁矿也可以因沉积作用而形成于海底或湖底。针铁矿分布广但很少大量富集，仅在少数产地可构成重要的铁矿。针铁矿是重要的炼铁原料，除了提炼铁以外，人们还将针铁矿用作黄赭颜料。

参考文献

[1] 王英，孙文，唐仁衡等．锂离子电池硅碳复合负极材料的研究［J］．材料研究与应用，2018，12（03）：161-166.

[2] 郑仕琦．高比容量硅碳负极的电极结构构筑［D］．北京：北京有色金属研究总院，2018.

[3] 吕磊．基于氢键的锂离子电池硅负极粘结剂的研究［D］．广州：华南理工大学，2018.

[4] 郑典模，陈昕，郭红祥等．锂离子电池硅碳负极材料的制备及电化学性能研究［J］．现代化工，2018，4.

[5] 张晓妍，任宇飞，高洁等．动力电池电解液用添加剂的研究进展［J］．储能科学与技术，2018，3.

[6] 畅波，李亚娥，康利涛等．核壳结构 Si/C 复合负极材料的制备与储锂性能研究［J］．化工新型材料，2018，2.

[7] 蔡建信，李志鹏，李巍等．锂离子电池 Si@void@C 复合材料的制备及其电化学性能［J］．无机化学学报，2017，33（10）：1763-1768.

[8] 铁肖永，闫昶宇，周玲等．利用累托石制备片状多孔硅碳负极材料［J］．电子元件与材料，2018，1：40-44.

[9] Hui W，Yi C. Designing nanostructured Si anodes for high energy lithium ion batteries［J］. Nano Today，2012，7（5）：414-429.

[10] Liu W R，Guo Z Z，Young W S，et al. Effect of electrode structure on performance of Si anode in Li-ion batteries：Si particle size and conductive additive［J］. Journal of Power Sources，2005，140（1）：139-144.

[11] Jung H，Min P，Yoon Y G，et al. Amorphous silicon anode for lithium-ion rechargeable batteries［J］. Journal of Power Sources，2003，115（2）：346-351.

[12] Guo J，Wang C. A polymer scaffold binder structure for high capacity silicon anode of lithium-ion battery［J］. Chemical Communications，2010，46（9）：1428-1430.

[13] Chen C，Li Q，Li Y，et al. Sustainable Interfaces between Si Anodes and Garnet Electrolytes for Room-Temperature Solid-State Batteries［J］. Acs Appl Mater Interfaces，2018，10（2）.

[14] Wang L，Liu T，Peng X，et al. Highly Stretchable Conductive Glue for High-Performance Silicon Anodes in Advanced Lithium-Ion Batteries［J］. Advanced Functional Materials，2018，28（3）.

[15] Li Z，Ding Y，Song J. Crosslinked carboxymethyl cellulose-sodium borate hybrid binder for advanced silicon anodes in lithium-ion batteries［J］. Chinese Chemical Letters，2018，29（12）：1773-1776.

[16] Du L，Wen Z，Wang G，et al. Double-shelled silicon anode nanocomposite materials：A facile approach for stabilizing electrochemical performance via interface construction［J］. Journal of Physics & Chemistry of Solids，2018，115.

[17] Wang G，Zhang L，Zhang J. A review of electrode materials for electrochemical supercapacitors［J］. Chemical Society Reviews，2012，41（2）：797-828.

[18] 耿延候，万梅香．高性能掺杂态聚苯胺［J］．高分子材料科学与工程，1997，6：124-127.

[19] 方静．超级电容器用聚苯胺纳米纤维的制备、改性和电容特性研究［D］．长沙：中南大学，2012.

[20] 陆珉，吴益华，姜海夏．导电聚苯胺的特性及应用［J］．化工新型材料，1997，11：16-20.

[21] 卢海，张治安，赖延清等．超级电容器用导电聚苯胺电极材料的研究进展［J］．电池，2007，37（4）：309-311.

[22] 杨蓉，康二维，崔斌等．超级电容器聚苯胺电极材料的研究进展［C］//中国工程塑料复合材料技术研讨会，2010.

[23] Jamadade V S，Dhawale D S，Lokhande C D. Studies on electrosynthesized leucoemeraldine，emeraldine and pernigraniline forms of polyaniline films and their supercapacitive behavior［J］. Synthetic Metals，2010，160（9-10）：

955-960.

[24] Zhang H, Wang J, Gao X, et al. The electrochemical activity of polyaniline: An important issue on its use in electrochemical energy storage devices [J]. Synthetic Metals, 2014, 187 (1): 46-51.

[25] 高飞，李建玲，李文生等．活性炭/$LiMn_2O_4$ 超级电容器的性能［J］．电池，2009，39（2）：62-64.

[26] 刘海晶，夏永姚．混合型超级电容器的研究进展［J］．化学进展，2011，Z1：595-604.

[27] 余菁菁．金属氧化物/活性炭非对称超级电容器的制备与电化学研究［D］．湘潭：湘潭大学，2013.

[28] 张宇．氮掺杂多壁碳纳米管的制备及其电化学性质研究［D］．大连：大连理工大学，2010.

[29] Liang K, Tang X, Hu W. High-performance three-dimensional nanoporous NiO film as a supercapacitor electrode [J]. Journal of Materials Chemistry, 2012, 22 (22): 11062-11067.

[30] 农谷珍．超级电容器电极材料的制备及电化学性能研究［D］．大连：大连理工大学，2009.

[31] 田志宏，赵海雷，李玥等．非对称型电化学超级电容器的研究进展［J］．电池，2006，36（06）：469-471.

[32] Laforgue, Simon P, Fauvarque J, et al. Activated carbon/conducting polymer hybrid supercapacitors [J]. Journal of The Electrochemical Society, 2003, 150 (5): A645-A651.

[33] FrackowiakE, Beguin F. Carbon materials for the electrochemical storage of energy incapacitors [J]. Carbon, 2001, 39 (6): 937-950.

[34] 袁国辉．电化学超级电容器［M］．北京：化学工业出版社，2006.

[35] Bao L, Zang J, Li X. Flexible Zn_2SnO_4/MnO_2 core/shell nanocable carbon microfiber hybridcomposites for high-performance supercapacitor electrodes [J]. Nano Letters, 2011, 11 (3): 1215-1220.

[36] Pekala R. Organic aerogels from the polycon densation of resorcinol with formaldehyde [J]. Journal of Materials Science, 1989, 24 (9): 3221-3227.

[37] 张密林，刘志祥．沉淀转化法制备的 $Co(OH)_2$ 的超级电容特性［J］．无机化学学报，200 2，18（5）：513 -517.

[38] He K X , Zhang X G , Li J. Preparation and electrochemical capacitance of Me double hydroxides, Me=Ni and Co/TiO_2 nanotube composites electrode [J]. Electrochimica Acta, 2006 , 51: 1289 -1292.

[39] 韩恩山，张小平，许寒．纳米二氧化锰超级电容器电极材料的制备及改性［J］．无机盐工业，2008 ，40（6）：34 -36.

[40] Lee J, Kim J, Hyeon T. Recent progress in the synthesis of porous carbon materials [J]. Adv Mater, 2006, 18: 2073-2094.

[41] Patake V D, Lokhande C D. Chemical synthesis of nano-porous ruthenium oxide, RuO_2, thin films for supercapacitor application [J]. Appl Surp Sci, 2008, 254: 2820-2824.

[42] Novoselov K S, Geim A K, Morozov SV, et al. Electric field effect in atomically thin carbon films [J]. Science, 2004, 306: 666-669.

[43] Subrahmanyam K S, Panchakarla L S, Govindaraj A, et al. Simple method of preparing graphene flakes by an arc-discharge method [J]. J Phys Chem C, 2009, 113: 4257-4259.

[44] Du X, Wang C Y, Chen M M, et al. Electrochemical performances of nanoparticle Fe_3O_4-activated carbon supercapacitor using KOH electrolyte solution [J]. J Phys Chem C, 2009, 113: 2643-2646.

[45] Li Y, Xie H Q, Wang J F et al. Preparation and electrochemical performances of α-MnO_2 nanorod for supercapacitor [J]. Mater Lett, 2011, 65: 403-405.

[46] Chen S, Zhu J W, Wu X D, et al. Graphene oxide-MnO nanocomposites for super-capacitors [J]. ACS Nano, 2010, 4: 2822-2830.

[47] Hu C C, Wu Y T, Chang K H. Low-temperature hydrothermal synthesis of Mn_3O_4 and MnOOH single crystals, determinant influence of oxidants [J]. Chem Mater, 2008, 20: 2890-2894.

[48] 王妹先，王成扬，陈明鸣等．KOH 活化法制备双电层电容器用高性能活性炭［J］．新型炭材料，2010，25（4）：285-290.

[49] 齐仲辉，刘洪波，东红等．石油焦基高比表面积活性炭制备技术研究［J］．炭素技术，2015，34（2）：36-40.

[50] Yu Guihua，Xie Xing，Pan Lijia，et al. Hybrid nanostructured materials for high-performance electrochemical capacitors［J］. Nano Energy，2013，2（2）：213-234.

[51] Huang Liang，Chen Dongchang，Ding Yong，et al. Nickel-cobalt hydroxide nanosheets coated on $NiCo_2O_4$ nanowires grown on carbon fiber paper for high-performance pseudocapacitors［J］. Nano Letters，2013，13（7）：3135-3139.

[52] 邓梅根．电化学电容器电极材料研究［D］．成都：电子科技大学，2005.

[53] 庞旭，马正青，左列等．超级电容器金属氧化物电极材料研究进展［J］．表面技术，2009，38（3）：77-79.

[54] Hu Chichang，Chen Weichun. Effects of substrates on the capacitive performance of $RuO_x \cdot nH_2O$ and activated carbon-RuO_x electrodes for supercapacitors［J］. Electrochimica Acta，2004，49（21）：3469-3477.

[55] Park Jong Hyeok，Park O Ok，Shin Kyung Hee，et al. An electrochemical capacitor based on a $Ni(OH)_2$/activated carbon composite electrode［J］. Electrochemical and Solid-State Letters，2002，5（2）：H7-H10.

[56] Yan Jun，Sun Wei，Wei Tong，et al. Fabrication and electrochemical performances of hierarchical porous $Ni(OH)_2$ nanoflakes anchored on graphene sheets［J］. Journal of Materials Chemistry，2012，22（23）：11494-11502.

[57] Hahn M，Baertschi M，Barbieri O，et al. Interfacial Capacitance and Electronic Conductance of Activated Carbon Double-Layer Electrodes［J］. Electrochemical and Solid-State Letters，2004，7（2）：A33-A36.

[58] Shiraishi S，Miyauchi T，Sasaki R，et al. Electric double layer capacitance of activated carbon nanofibers in ionic liquid，$EMImBF_4$［J］. Electrochemistry，2007，75（8）：619-621.

[59] 孙世雄．非对称电容器电极材料的制备及电化学电容性能的研究［D］．兰州：兰州理工大学，2014.

[60] Zhu S，Cen W，Hao L，et al. Flower-like MnO_2 decorated activated multihole carbon as high-performance asymmetric supercapacitor electrodes［J］. Materials Letters，2014，135（10）：11-14.

[61] Demarconnay L，Raymundo-Piñero E，Béguin F. Adjustment of electrodes potential window in an asymmetric carbon/MnO_2 supercapacitor［J］. Journal of Power Sources，2011，196（1）：580-586.

[62] Wang C H，Hsu H C，Hu J H. High-energy asymmetric supercapacitor based on petal-shaped MnO_2 nanosheet and carbon nanotube-embedded polyacrylonitrile-based carbon nanofiber working at 2V in aqueous neutral electrolyte［J］. Journal of Power Sources，2014，249：1-8.

[63] 贾楚翘．离子液体中电沉积镁的研究［D］．沈阳：沈阳师范大学，2018.

[64] 李想，吴雅琴，朱圆圆等．电沉积处理含铜强酸废水阴极回收纳米铜［J］．水处理技术，2018，44（03）：34-38.

[65] Deng Dewei，Wang Chunguang，Liu Qianqian，et al. Effect of standard heat treatment on microstructure and properties of borided Inconel 718［J］. Transactions of Nonferrous Metals Society of China，2015，25（2）：437-443.

[66] Swain B，Mishra C，Hong H S，et al. Selective recovery of pure copper nanopowder from indium-tin oxide etching wastewater by various wet chemical reduction process，Understanding their chemistry and comparisons of sustainable valorization processes［J］. Environmental Research，2016，147：249-258.

[67] 敖璘琳．电解槽乳突板电镀镍合金工艺及中试研究［D］．长沙：湖南大学，2017.

[68] 慕东，江鸿，邵甄胰．Q235 钢电镀镍渗硼层组织及抗高温氧化性能［J］．材料热处理学报，2016，37（5）：193-197.

[69] 黄晓晔，揭晓华，刘灿森等．脉冲电沉积镍钼合金镀层的工艺优化［J］．金属热处理，2018，43（11）：101-105.

[70] 颜丙辉．电沉积镍基-石墨烯复合材料的制备及性能研究［D］．长春：长春工业大学，2018.

[71] 郭龙帮．电沉积镍板直接轧制镍带的研究［D］．兰州：兰州理工大学，2018.

[72] 李韬，王三反，周键等．添加剂对膜电沉积镍效果影响的实验研究［J］．有色金属工程，2017，7（6）：47-53.

[73] 胡茂圃，栾本利，王宝珏．化学镀 Ni-P 合金延展性的研究［J］．材料保护，1988，3.

[74] 廖西平．45 钢化学镀实验及镀层性能研究［D］．重庆：重庆大学，2007.

[75] 李酽，刘刚，刘红霞等．化学镀层的性能及基体的镀前处理［J］．航空制造技术，2004，7.

[76] 宋长生，王国荣．化学镀镍基合金的耐蚀性［J］．电镀与精饰，1995，03.
[77] 朱元吉，尹延国，解挺．45钢制塑料模的Ni-P合金化学镀处理［J］．模具工业，1995，6.
[78] 张敏捷，潘勇，李玮等．热处理温度对镀镍钴钢带耐腐蚀性能的影响［J］．腐蚀与防护，2012，4.
[79] 刘慧娟，石小鹏．HT-I型镀镍防针孔剂的研究［J］．天津化工，2006，2.
[80] 肖鑫，储荣邦．镀镍层针孔和麻点的故障及其排除方法［J］．电镀与涂饰，2004，4.
[81] 邹坚．镀镍层的针孔故障及其防治［J］．材料保护，1994，3.
[82] 唐甜．脉冲喷射电沉积纳米晶镍镀层耐腐蚀性能研究［D］．湘潭：湘潭大学，2006.
[83] 陈广．脉冲电镀Ni-W合金镀层及其性能研究［D］．无锡：江南大学，2006.
[84] 邓启超．镀镍深冲钢带层间切应力的分析与测量方法研究［J］．工程与试验，2008，3.
[85] 郭贤烙，易翔．不锈钢电化学抛光技术研究［J］．电镀与涂饰，2001，5.
[86] 谢关荣，张京钦，梁国柱等．钢铁材料电解抛光技术［J］．电镀与涂饰，2001，3.
[87] 李国彬，姜延飞，谷春瑞．不锈钢化学着色工艺的研究［J］．表面技术，1996，5.
[88] 赵兴科，王中，郑玉峰等．抛光技术的现状［J］．表面技术，2000，2.
[89] 韦瑶，杜高昌，蓝伟强．电化学抛光工艺的研究及应用［J］．表面技术，2001，1.
[90] 贾法龙，郭稚弧．不锈钢电解着色的颜色控制研究［J］．表面技术，2001，03.
[91] 孙雅茹，姚思童，徐炳辉等．不锈钢精密件电抛光工艺的研究［J］．表面技术，2002，03.
[92] 南红艳，张跃敏，尹新斌等．电化学不锈钢着色工艺的研究［J］．表面技术，2003（05）.
[93] 林百春．不锈钢表面处理、酸洗、钝化与抛光［J］．材料开发与应用，2006，3.
[94] 李广武，张忠诚，郑淑娟．不锈钢表面着色工艺研究［J］．表面技术，2004，5.
[95] 王友林，姜英．光整加工技术的现状与发展趋势［J］．矿山机械，2004，9.
[96] 杨建桥，班朝磊．不锈钢管内表面电化学抛光技术的研究［J］．陕西科技大学学报，2003，3.
[97] 田伟，吴向清，谢发勤．Zn-Ni合金电镀的研究进展［J］．材料保护，2004，4.
[98] 汤智慧，陆峰，张晓云等．航空高强度结构钢及不锈钢防护研究与发展［J］．航空材料学报，2003，S1.
[99] 张友寿，贾昌申．特种材料的电化学连接技术［J］．材料导报，2000，7.
[100] 王吉会，夏扬，王茂范．无机熔盐镀铝层的制备与性能研究［J］．兵器材料科学与工程，2005，6.
[101] 丁志敏，宋建敏，关君实等．扩散处理对钢基铝镀层的相、形貌和性能的影响［J］．功能材料，2010，8.
[102] 王玉江，马欣新，郭光伟等．304不锈钢基体上无机熔融盐电镀铝研究［J］．热处理技术与装备，2008（1）.
[103] 马胜利，葛利玲．电化学抛光机制研究与进展［J］．表面技术，1998，4.
[104] 李广武．不锈钢表面着色与电化学抛光工艺的研究［D］．济南：山东大学，2005.
[105] 张胜涛，曹阿林．纯铝材在硫酸中恒流阳极氧化机理初探［J］．材料保护， 2009，42（3）：12-14.
[106] 陈小丽．铝锂合金酒石酸-硫酸阳极氧化膜的腐蚀行为及机理研究［D］．重庆：重庆理工大学，2016.
[107] 张胜涛，曹阿林．纯铝材在硫酸中恒流阳极氧化机理初探［J］．材料保护， 2009， 42（3）：12-14.
[108] 查康，顾琳．不同硫酸浓度对2A12脉冲硬质阳极氧化工艺的影响［J］．铸造技术，2008，30（7）：952-954.
[109] 曾建红，曾凌三．铝及其合金在硫酸溶液中的交流电氧化［J］．材料保护， 1994，7：13-17.
[110] 邱佐群．节能节材型铝材硫酸阳极氧化新工艺等［J］．表面工程与再制造， 2007，7（6）：28-30.
[111] 邱佐群．铝件硫酸阳极氧化工艺的改进［J］．表面工程与再制造，2006，6（3）：33-34.
[112] 刘凤霞．工业纯铝硫酸阳极氧化新工艺［J］．化学工程与装备， 2010，1：31-32.
[113] 陈东，徐连军，朱世安．影响6063铝合金硫酸阳极氧化成膜系数的因素［J］．化学工程与装备，2017，7：23-25.
[114] 邱佐群．铝合金件硫酸阳极氧化工艺的变革［J］．表面工程与再制造， 2008，3：24-25.
[115] 邱佐群．节能节材型铝材硫酸阳极氧化新工艺［J］．表面工程资讯，2007，6：28-30.
[116] 黄有国，任孟德，赵欣等．金属钛，B_4C+KBF_4+SiC，固体硼化［J］．有色冶金设计与研究，2012，33（01）.
[117] 贾宝平，贺跃辉，汤义武等．钛金属固体法渗硼新技术［J］．中南大学学报（自然科学版），2005，2：179-182.

[118] 田栋华．金属钛熔盐电解法渗硼的研究［D］．西安：西安建筑科技大学，2015.

[119] 狄玉丽．钛及钛合金的性质及表面处理技术探讨［J］．科技创新与应用，2014，23：18-19.

[120] 黄有国，任孟德，赵欣等．钛金属熔融 $Na_2B_4O_7$ 硼化，热力学和动力学过程［J］．材料导报，2012，26（06）：14-16.

[121] 潘婷，樊新民，周旸．钛及钛合金渗硼技术的发展［J］．热处理，2014，29（2）：27-33.

[122] 许广仓．双相固体渗硼工艺试验及应用［J］．二汽科技，1987，02：25-31.

[123] 李建军，何宁．电流密度对熔盐电化学渗硼工艺的影响［J］．河北冶金，2013，02：14-18.

[124] 黄有国，任孟德，赵欣等．金属钛表面 $Na_2B_4O_7$-Al 熔盐渗硼［J］．粉末冶金材料科学与工程，2012，17（1）：50-54.

[125] GongYu，Tian Xiangmiao，Wu Yufeng，et al. Recent development of recycling lead from scrap CRTs，A technological review［J］. Waste Management，2016，57.

[126] Syed S. Silver recovery aqueous techniques from diverse sources：Hydrometallurgy in recycling［J］. Waste Management，2016，50.

[127] Agathe Hubau，Michel Minier，Alexandre Chagnes，et al. Continuous production of abiogenic ferriciron lixiviant for the bioleaching of printed circuitboards，PCBs［J］. Hydrometallurgy，2018，180.

[128] Deepak Yadav，Rangan Banerjee. A comparative life cycle energy and carbon emission analysis of thesolar carbotherma land hydrometallurgy routes for zinc production［J］. Applied Energy，2018，229.

[129] Moataz AliEl-Okazy，Tagrid Mohamed Zewail，Hassan Abdel-Moneim Farag. Recovery of copper from spent catalyst using acid leaching followed by electrodeposition on squarerotating cylinder［J］. Alexandria Engineering Journal，2017.

[130] Liu Bingbing，Zhang Yuanbo，Lu Manman，et al. Extraction and separation of manganese an diron from ferruginous manganeseores，A review［J］. Minerals Engineering，2019，131.

[131] 孙永达．湿法冶金的研究进展［J］．科技创新导报，2017，14（29）：100-101.

[132] 郭秋松，刘志强，朱薇等．水钴矿湿法冶金废渣抑制钴、钒浸出毒性工艺研究［J］．环境工程技术学报，2018，8（1）：98-103.

[133] 张孝涵，朱道飞，江磊．铅冰铜加压氧浸湿法工艺与元素走向研究［J］．矿冶，2018，27（2）：75-79.

[134] 郑枝木．湿法冶金过程中钨的除钼纯化［J］．福建冶金，2018，47（2）：34-36.

[135] 范培育，王伟，张锋．盐酸工况用加压湿法冶金特种开关阀门的研制［J］．材料研究与应用，2018，12（01）：49-54.

[136] 钟雪虎，焦芬，刘桐等．废旧锂离子电池回收工艺概述［J］．电池，2018，48（01）：63-67.

[137] 朱军，周甜甜，刘曼博等．湿法冶金在城市矿山资源化中的应用［J］．中国有色冶金，2018，47（02）：52-57.

[138] 刘浩文，乐琦，吴瑞等．草酸共沉淀法制备三元正极材料及不同沉淀剂的对比［J］．中南民族大学学报（自然科学版），2018，02.

[139] 付海娟，池勇志，赵建海等．pH 对中和沉淀法处理涂装废水效果影响及作用机理［J］．环境工程学报，2018，12（07）：1896-1906.

[140] 王亚．锌冶炼上加压湿法冶金技术的运用［J］．冶金与材料，2018，38（04）：91-92.

[141] 白璐，白静．氢氧化物沉淀 Fenton 法处理电镀废水的研究［J］．电镀与环保，2018，38（05）：58-60.

[142] 胡洁．湿法冶金中环保理念的体现及应用［J］．资源节约与环保，2016，02：26.

[143] 张应龙．硫酸锌溶液针铁矿法沉铁研究［J］．科技经济导刊，2016，18：101.

[144] Yuan Qingyun，Wang Fuli，He Dakuo，et al. A new plant-wide optimization method and its application to hydrometallurgy process［J］. The Canadian Journal of Chemical Engineering，2016，94：2.

[145] He Dakuo，Yuan Qingyun，Wang Fuli，et al. Plant-wide hierarchical optimization based on aminimum consumption model［J］. The Canadian Journal of Chemical Engineering，2016，94：6.

[146] 余华龙．萃取有机物-矿物界面作用及其对生物浸铜过程的影响［D］．上海：上海应用技术大学，2015.

[147] 杨乐．废旧电路板中湿法冶金回收铜并制备超细铜粉的研究［D］．镇江：江苏科技大学，2016.

[148] 熊冰艳．Co-Ni 氢氧化物的制备及其电催化析氧性能研究［D］．重庆：重庆大学，2017.

[149] 高瑞通．新生相混合氢氧化物对三元复合驱采出水的处理研究［D］．济南：山东大学，2017.

[150] 孙大林，吴克明，胡杰．用针铁矿法从锌矿石浸出液中除铁试验研究［J］．湿法冶金，2015，34（01）：68-71.

[151] 舒淑奇，谈定生，吴远桂等．针铁矿法从还原红土镍矿盐酸浸出液中除铁试验研究［J］．湿法冶金，2015，34（05）：422-425.

[152] 孙成余，张候文．湿法炼锌 E. Z. 针铁矿法除铁工艺研究［J］．中国有色冶金，2015，44（06）：68-70.

[153] 刘思明．氧化物水合过程中对锌离子的吸附与晶格插入过程的研究［D］．济南：山东大学，2014.

[154] 俞小花．复杂铜、铅、锌、银多金属硫化精矿综合回收利用研究［D］．昆明：昆明理工大学，2008.

[155] 高建明．红土镍矿综合利用制备尖晶石铁氧体基础及工艺研究［D］．北京：北京科技大学，2016.

[156] 师启华．钒页岩硫酸焙烧-协同萃取提钒工艺及机理研究［D］．武汉：武汉科技大学，2018.

[157] 陈国宝，杨洪英，周立杰等．针铁矿法从铜钴矿生物浸出液中除铁的研究［J］．有色金属（冶炼部分），2013，03：1-3.

[158] 边永强．岩石矿物中痕量镓的乙酸丁酯萃取-ICP-AES 光谱测定［J］．四川建材，2013，39（03）：236-237.

[159] 杜敏，吴玉席．针铁矿法喷淋除铁试验研究［J］．中国有色冶金，2012，41（03）：78-81.

[160] 杨瑞祥，李位．*t*-BAMBP 萃取-原子吸收分光光度法测定矿物中微量铷、铯［J］．分析测试技术与仪器，2012，18（04）：208-212.

[161] 胡久刚．氨性溶液中铜、镍、锌金属离子的萃取行为及微观机理研究［D］．长沙：中南大学，2012.

[162] 王畅，杜虹，杨运云等．重金属形态连续萃取法对沉积物矿物相态的影响［J］．分析化学，2011，39（12）：1887-1892.

[163] 宋建中，彭平安，黄伟林．去矿物前后碱萃取腐殖酸的化学组成与结构特征［J］．地球与环境，2008，36（04）：327-335.

[164] 王晓丽，李鱼，王一喆等．选择性萃取对沉积物非残渣态、粘土矿物结构及吸附特性的影响［J］．高等学校化学学报，2008，02：288-293.

[165] 王武华，李吉生．萃取分离硫代米氏酮目视比色法快速测定岩石矿物中的金［J］．青海国土经略，2007，02：43-44.

[166] 万明远．低品位钽铌矿物萃取分离工艺的改进［J］．硬质合金，2002，01：29-31.

[167] 陈春廷，凌宗干，刘琼．湿法炼锌针铁矿法除铁流程中 Fe（Ⅱ）Fe（Ⅲ）的在线 FIA 研究［J］．湖南有色金属，1991，01：48-52.

[168] 吴钟德，杜伟．针铁矿法除铁在氧化铜矿湿法浸取液净化中的应用［J］．云南化工，1992，04：37-38.

[169] 邓日章，赵天从，钟竹前等．氯盐溶液预氧化-针铁矿法除铁过程的研究［J］．中南矿冶学院学报，1992，06：676-680.

[170] 裴世桥，朱玉伦．P204 萃淋树脂反相萃取色谱分离富集光度法测定岩石矿物中痕量铍［J］．岩矿测试，1993，02：113-116.

[171] 郭安城，刘长松．酚藏花红萃取分光光度法测定岩石矿物中的微量汞［J］．分析化学，1981，05：534-539.

[172] 梁镇宗，李春莲，归俊等．APDC-MIBK 萃取原子吸收法测定废水及矿物中锰［J］．理化检验（化学分册），1988，24（06）：344.

[173] 阳卫军，屈晓娟，朱利军．低品位软锰矿浸出液中铁的去除方法研究［J］．湖南大学学报（自然科学版），2014，41（01）：107-111.

[174] 吴远桂，谈定生，丁伟中等．针铁矿法除铁及其在湿法冶金中的应用［J］．湿法冶金，2014，33（02）：86-89.

[175] 谢晓峰，李磊，王华等．铜电解液净化除铁的研究进展［J］．材料导报，2014，28（15）：108-112.

[176] 王鹏，魏德洲．响应曲面法优化氨法焙烧后粉煤灰除铁工艺［J］．东北大学学报（自然科学版），2014，35

(11)：1617-1621.

[177] 邓永贵，陈启元，尹周澜等．锌浸出液针铁矿法除铁［J］．有色金属，2010，62（03）：80-84.

[178] 胡国荣，李国，邓新荣等．针铁矿法从铬铁合金硫酸浸出液中除铁［J］．湿法冶金，2006，04：198-201.

[179] 赵永，蒋开喜，王德全等．用针铁矿法从锌焙烧烟尘的热酸浸出液中除铁［J］．有色金属（冶炼部分），2005，05：13-15.

[180] 何蔼平，魏昶，刘中华等．针铁矿法从镍电解混合阳极液中除铁研究［J］．昆明理工大学学报，1996，06：140-147.

[181] 杨钟林．针铁矿法除铁工艺的氧化技术［J］．有色冶炼，1988，09：1-4.